"十二五"职业教育国家规划教材修订版

iCourse·教材

国家精品在线开放课程配套教材

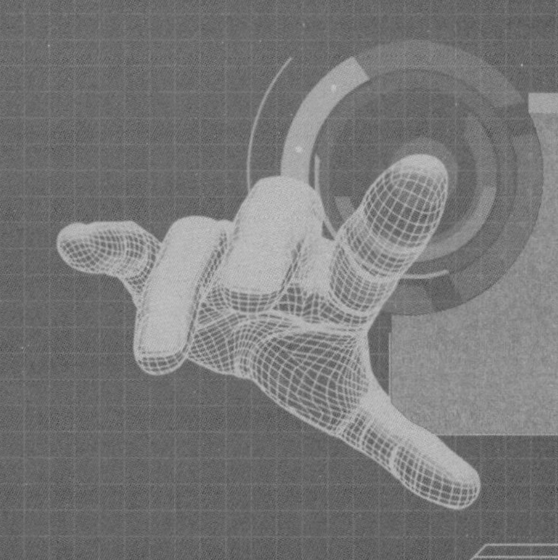

计算机应用基础实训指导

（Windows 10+Office 2016）

（第3版）

高林 总主编　陈哲 主编

高等教育出版社·北京

内容提要

本书是“十二五”职业教育国家规划教材修订版，也是国家精品在线开放课程配套教材，同时为全国计算机等级考试一级 MS Office 考试的配套上机实训教程。本书以 2021 年 4 月教育部颁布的《高等职业教育专科信息技术课程标准（2021 年版）》为纲，在充分贯彻其要求的基础上，精心组织教材内容的修订。

本书是《计算机应用基础（Windows 10+Office 2016）（第 3 版）》的配套教材。全书共分 7 个项目，主要内容有认识计算机系统、Windows 10 操作系统应用、Word 2016 文字处理应用、Excel 2016 电子表格应用、PowerPoint 2016 演示文稿应用、计算机互联网应用和常用工具软件的应用。本书基于工作过程，采用任务驱动模式编写。每个项目包括项目目标、知技要点、若干基于工作过程的工作性实训任务和拓展实训任务 4 个模块。实训任务即《计算机应用基础（Windows 10+Office 2016）》教材各项目中“思考与创新训练”部分的实训任务，拓展实训任务则是要求学生独立完成的实训任务。

本书配有课程标准、PPT 教学课件、微课视频、课后习题、习题答案及解析、案例素材和结果文件等教学资源。读者可登录中国大学 MOOC 在线开放课程学习平台，搜索“计算机应用基础（商丘职业技术学院）”课程进行在线学习。与本书配套的数字课程同时也在“智慧职教”（www.icve.com.cn）平台上线，读者可登录平台学习，也可扫描书中二维码观看教学视频，详见“智慧职教”服务指南。教师也可发邮件至编辑邮箱 1548103297@qq.com 获取相关资源。

本书由多年从事“计算机应用基础”课程教学的一线教师编写，既可作为高等职业院校信息技术及计算机应用基础课程的配套实训教材，也可作为信息技术和计算机爱好者的自学用书。

图书在版编目（CIP）数据

计算机应用基础实训指导 ： Windows 10+Office 2016 / 陈哲主编 ； 高林总主编 .-- 3 版 . -- 北京 ： 高等教育出版社，2022.11

ISBN 978-7-04-058343-4

Ⅰ. ①计… Ⅱ. ①陈… ②高… Ⅲ. ①Windows 操作系统 - 高等职业教育 - 教材②办公自动化 - 应用软件 - 高等职业教育 - 教材 Ⅳ. ①TP316.7②TP317.1

中国版本图书馆 CIP 数据核字 (2022) 第 038355 号

Jisuanji Yingyong Jichu Shixun Zhidao: Windows 10+Office 2016

策划编辑 傅 波　　责任编辑 傅 波　　封面设计 杨伟露　　版式设计 徐艳妮
责任绘图 杨伟露　　责任校对 胡美萍　　责任印制 存 怡

出版发行 高等教育出版社
社　　址 北京市西城区德外大街 4 号
邮政编码 100120
印　　刷 北京市大天乐投资管理有限公司
开　　本 787 mm×1092 mm 1/16
印　　张 9
字　　数 220 千字
购书热线 010-58581118
咨询电话 400-810-0598
网　　址 http://www.hep.edu.cn
　　　　 http://www.hep.com.cn
网上订购 http://www.hepmall.com.cn
　　　　 http://www.hepmall.com
　　　　 http://www.hepmall.cn
版　　次 2013 年 10 月第 1 版
　　　　 2022 年 11 月第 3 版
印　　次 2022 年 11 月第 1 次印刷
定　　价 25.00 元

物 料 号　58343-00

“智慧职教”服务指南

“智慧职教”（www.icve.com.cn）是由高等教育出版社建设和运营的职业教育数字教学资源共建共享平台和在线课程教学服务平台，与教材配套课程相关的部分包括资源库平台、职教云平台和App等。用户通过平台注册，登录即可使用该平台。

• 资源库平台：为学习者提供本教材配套课程及资源的浏览服务。

登录“智慧职教”平台，在首页搜索框中搜索“计算机应用基础”，找到对应作者主持的课程，加入课程参加学习，即可浏览课程资源。

• 职教云平台：帮助任课教师对本教材配套课程进行引用、修改，再发布为个性化课程（SPOC）。

1. 登录职教云平台，在首页单击“新增课程”按钮，根据提示设置要构建的个性化课程的基本信息。

2. 进入课程编辑页面设置教学班级后，在“教学管理”的“教学设计”中“导入”教材配套课程，可根据教学需要进行修改，再发布为个性化课程。

• App：帮助任课教师和学生基于新构建的个性化课程开展线上线下混合式、智能化教与学。

1. 在应用市场搜索“智慧职教icve”App，下载安装。

2. 登录App，任课教师指导学生加入个性化课程，并利用App提供的各类功能，开展课前、课中、课后的教学互动，构建智慧课堂。

“智慧职教”使用帮助及常见问题解答请访问help.icve.com.cn。

前　言

《计算机应用基础（Windows 10+Office 2016）》和《计算机应用基础实训指导（Windows 10+Office 2016）》配套教材，是“十二五”职业教育国家规划教材《计算机应用基础（Windows 7+Office 2010）》和《计算机应用基础实训指导（Windows 7+Office 2010）》配套教材的修订版，本书配套课程为国家精品在线开放课程，是为适应计算机应用技术的快速发展和高等职业教育“三教”改革新形势而修订的。

2021年4月，教育部颁布了指导高等职业教育专科信息技术课程教学开展的纲领性标准《高等职业教育专科信息技术课程标准（2021年版）》。本书以新课标为纲，由多年从事“计算机应用基础”课程教学的一线教师编写。作者团队在充分贯彻新课标要求的基础上，围绕信息意识、计算思维、数学化创新与发展、信息社会责任四项学科核心素养精心组织教材内容的修订。

本书秉承立德树人、行动导向、理实一体和线上线下自主混合学习编写理念，遵循认知规律和技术技能人才成长规律，以项目和任务为载体，以培养学生应用计算机解决实际问题能力为目标，将计算机应用基础知识掌握、技能训练、综合能力培养和工匠精神等正确价值观的培养有机融入具体工作任务之中。与第2版相比，本书架构不变，在内容上，操作系统升级到Windows 10，办公软件升级到Office 2016，增加了介绍物联网等新一代信息技术、远程协助软件应用、百度网盘、腾讯文档等内容。强化中国梦、抗疫精神、碳中和等课程思政元素的有机融入，实现“润物无声”的育人效果。贯彻1+X证书制度精神，将全国计算机等级考试有关内容及要求有机融入本书，实现课证融通、书证融通。对配套资源进行了重新配置和质量提升，尤其值得一提的是，编写团队以教材为基础开发了“计算机应用基础”国家级精品在线开放课程，实现了课程与信息技术的深度融合。

本书的使用有两种方式：一是独立使用，通过扫描书中的二维码从“智慧职教”网络学习平台获得相应教学资源，随扫随学；二是作为计算机应用基础国家精品在线开放课程的配套教材，登录中国大学MOOC（https://www.icourse163.org）在线开放课程学习平台，开展线上线下混合教学或翻转课堂教学，以充分发挥教材的立体化功能，提高信息技术及计算机基础课程的教学质量和教学效率。

本书配有课程标准、授课计划、PPT教学课件、微课视频、课后习题、习题答案及解析、案例素材和结果文件等教学资源。与本书配套的数字课程同时也在“智慧职教”平台（www.icve.com.cn）上线，读者可登录平台学习，也可通过扫描书中二维码观看微课视频，详见“智慧职教服务指南”。教师也可发邮件至编辑邮箱1548103297@qq.com获取相关资源。

本书由陈哲教授担任主编。项目1由梁咏梅编写，项目2由罗晓军编写，项目3由曹亚君编写，项目4由徐俊芳编写，项目5由邵玉兰编写，项目6由毛自民编写，项目7由赵昕编写。李冬担任微课和视频制作技术指导。

本书编写团队在编写过程中参考了一些国内外同类教材，在此向有关作者表示衷心感谢！同时感谢高等教育出版社对教材出版给予的指导和大力支持。

由于编者水平有限，不足之处，恳请读者批评指正。使用过程中有任何问题，可以通过电子信箱 cyjfl369@sina.com 与主编联系。

编　者

2022 年 7 月

目　录

项目 1

认识计算机系统

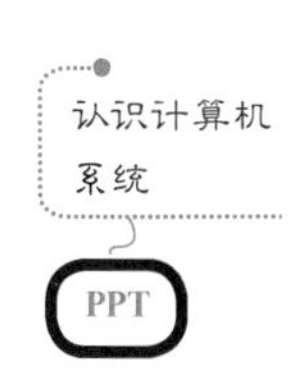

项 目 目 标

本项目实训包括 2 个实训任务：

① 计算机基本操作技能训练。

② 汉字录入操作。

本项目实训主要是掌握计算机基础知识和基本操作技能，其所涉及的实训任务是使用计算机工作中的最基本的操作内容。通过本项目实训，可以使读者对计算机有一个全面的认识，了解计算机的发展历程、组成和应用，认识计算机中数的表示和编码，掌握微型计算机系统组成、性能指标、键盘操作和搜狗输入法，为后续课程的学习打下坚实的基础，同时对办公室新手提升计算机基本操作能力也有一定的帮助。

知识目标

① 掌握键盘分区和基本操作方法。

② 掌握鼠标的基本操作方法。

③ 了解功能键的用法。

④ 了解打印机的分类。

⑤ 掌握搜狗拼音输入法的用法。

技能目标

① 掌握开机 / 关机的操作方法。

② 掌握键盘操作方法。

③ 掌握鼠标的操作方法。

④ 快速掌握搜狗拼音输入法与生僻字的输入技巧。

知 技 要 点

基本知识

1. 键盘

键盘是微型计算机常用的输入设备。常用键盘上的键数来表示键盘的类型，如 104、107、109 键盘。

（1）键盘分区

标准键盘的布局分 5 个区域，即主键盘区、全屏幕编辑区、功能键区、辅助键盘区和状态指示区，如图 1–1 所示。

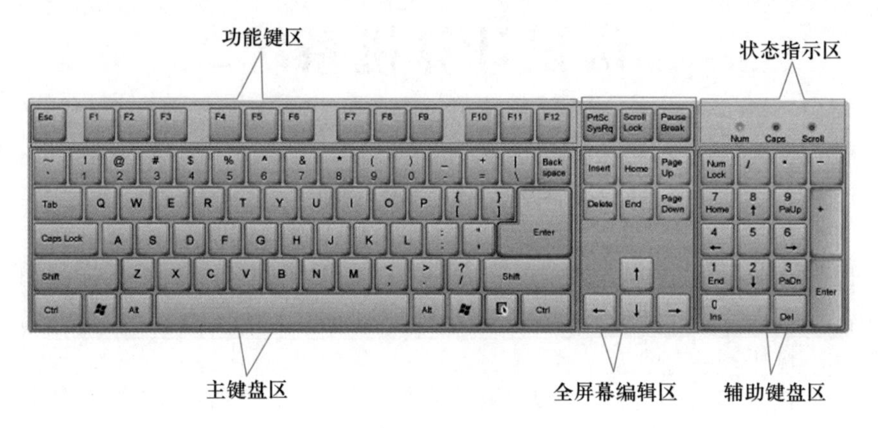

图 1–1 键盘功能分区

（2）特殊控制字符键

键盘上有一些特殊控制字符键，其功能及用法见表 1–1。

表 1–1 特殊控制字符键的功能

功能键		功能用法
上档字符键	Shift	① 数字键和其他一些字符键上都有两个字符。上面的字符称为上档字符，其输入方法为按组合键“Shift+ 字符所在键”；下面的字符称为下档字符，其输入方法为直接按字符所在键。 ② 按住 Shift 键可以起到英文大 / 小写和中文 / 英文转换的作用
字符锁定键	Capslock	开关键。用于输入连续的若干个大写英文字符，在汉字状态下，也可以输入连续的英文
退格键	Backspace	用于删除插入点左边的字符
空格键	SPACE	空格键，用于输入一个空格
回车键	Enter	① 文档编辑时，用于输入一行的结束或者一个段落的结束。 ② 用于执行菜单命令
特殊控制键	Ctrl、Alt	Ctrl 键和 Alt 键单独使用无任何作用，它们需要和其他键结合使用，Ctrl+Alt+Del 组合键同时按下可以取消当前的任务

续表

功能键		功能用法
功能键（16个）	Esc	逃脱键。 ① 可用于关闭当前打开的对话框。 ② 停止打开当前网页等。 ③ 和 ALT 键结合可用于激活已经打开的其他任务
	Pause	① 用于暂停操作。 ② 程序运行过程中可用于暂停程序或命令的执行。 ③ 可使用 Win+Pause/Break 组合键来快速打开系统属性窗口。 ④ 在进入操作系统前系统自检时，按 Pause Break 键，界面显示的内容会暂停信息滚屏，按任意键可以继续显示
	Print Screen	① 用于打印整个屏幕。 ② 和 Alt 键结合可用于打印当前活动窗口
	F1~F12	在不同的系统中定义的功能不同，这些键的功能由软件定义
	Scroll Lock	滚屏锁定键。 ① 在抓图软件中，可以抓游戏里的图。 ② 在 Excel 中，如果在 Scroll Lock 处于关闭状态下使用翻页键（如 Page Up 键和 Page Down 键）时，单元格选定区域会随之发生移动；反之，若要在滚动时不改变选定的单元格，那只要按下 Scroll Lock 键即可

（3）全屏幕编辑区

全屏幕编辑区中的各按键主要用于文字输入时的编辑修改操作，全屏幕编辑区中共有 10 个键，其功能见表 1–2。

表 1–2　全屏编辑区各键的功能

操作键	功能	操作键	功能
Insert	在指定位置插入字符	Page Up	向上翻一屏幕（一页）
Delete	删除插入点后的字符	Page Down	向下翻一屏幕（一页）
Home	将插入点移到行首	→	将插入点右移一列
End	将插入点移到行尾	←	将插入点左移一列
Ctrl+Home	插入点移到文章开始处	↑	将插入点上移一行
Ctrl+End	插入点移到文章结尾处	↓	将插入点下移一行

（4）键盘的正确使用

键盘是计算机最常用的输入设备，大量的文字、数据是通过键盘完成输入的，所以计算机操作人员在使用键盘时应该有规范的指法和打字姿势。

① 正确的指法。正确指法是准确、熟练、快速录入的基础，指法不正确，就会导致输入速度慢且容易出错。计算机主键盘有 3 行英文字母键，第 2 行为基准键，分别为“A”“S”“D”“F”“J”“K”“L”“;”，称为 8 个基准键。将左手小指、无名指、中指、食指分别置于“A”“S”“D”“F”键上，左手拇指自然向掌心弯曲；将右手食指、中指、无名指、小指分别置于“J”“K”“L”“;”键上，右手拇指轻置于空格键上。其中“F”和“J”键上各有一个触摸盲点或横线，在盲打输

入文本的过程中用来定位双手的食指。键盘指法图如图 1-2 所示。

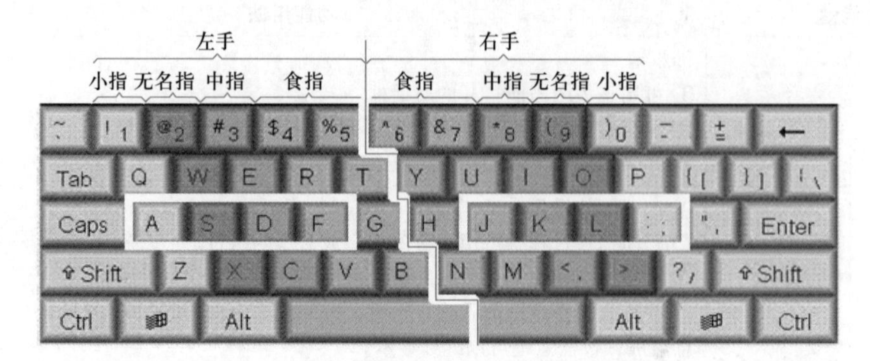

图 1-2 键盘指法图

必须掌握好键位与手指对应关系，否则将直接影响其他键的输入，导致输入的出错率高。对于基准健以外的字母键采用与 8 个基准键的键位相对应的位置来记忆，凡在斜线范围内的字符键，都必须由规定的左手或右手的同一个手指管理，这样，既方便操作，又便于记忆。

② 打字要领，分为打字正确的姿势和正确的指法。

（5）Windows 常用的快捷键（键盘命令）

Windows 系统定义了许多快捷键，表 1-3 列出了一些通用的快捷键及其功能，应熟练操作。

表 1-3 Windows 通用的快捷键

快捷键	功能	快捷键	功能
F1	用来启动系统的帮助程序	Alt+ 菜单快捷键，如 Alt+F	打开菜单栏“文件”下拉菜单
Ctrl+X	剪切选定的内容	Ctrl+F4	关闭多个文档界面程序中的当前程序
Ctrl+C	复制选定的内容	Alt+F4	关闭或退出当前程序窗口
Ctrl+V	粘贴内容	Alt+ 空格键	显示当前窗口的控制菜单
Ctrl+Z	撤销上一次操作	Shift+F10	显示所选项目的快捷菜单
Delete	删除选定内容	Ctrl+Esc	显示“开始”菜单
PrintScreen	屏幕截图	Alt+Tab	切换到上次使用的窗口
Alt+PrintScreen	屏幕截取活动窗口	Win+D	显示桌面

2. 鼠标

鼠标是常用的输入设备，是计算机操作不可缺少的工具。常用的鼠标有机械鼠标和光电鼠标两种，如图 1-3 所示，目前常用的是光电鼠标。

（1）鼠标滚轮的作用

① 在许多的编辑窗口（如 Word）中，按下鼠标滚轮键，会在编辑窗口出现一个黑色的上下双向箭头，把鼠标指针移动到该双向箭头的下面，则屏

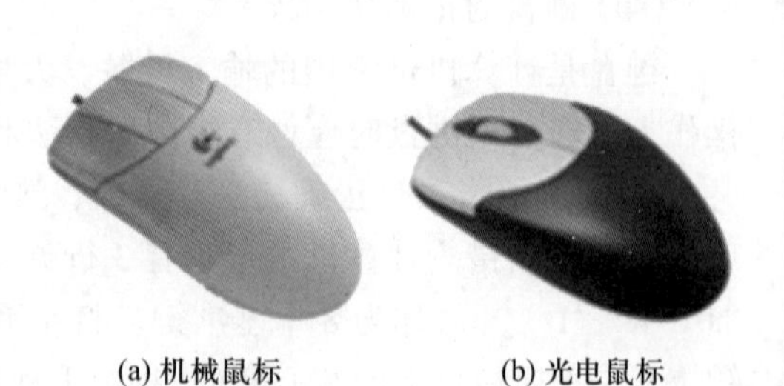

(a) 机械鼠标　(b) 光电鼠标

图 1-3 常见的鼠标

幕自动向上滚动，鼠标指针离开双向箭头越远，屏幕滚动越快。

② 在按下 Ctrl 键时，滚动滚轮可以方便地对许多窗口的显示内容进行自由的缩放，从而得到最佳的视图。

（2）鼠标的形状及代表的意义

在计算机工作屏幕窗口经常看到的箭头，称为鼠标指针（Mouse Pointer）。在操作过程中，鼠标指针的形状会因操作对象的不同而变化。在通常情况下，鼠标指针的默认形状是一个箭头 ；在文档编辑状态下，鼠标指针的默认形状是 I（编辑光标）。表 1–4 列出了最常见的鼠标形状及默认状态下代表的含义。

表 1–4　鼠标的形状及其代表的含义

形状	代表的含义
	鼠标指针的基本选择形状
⌛	系统正在执行操作，要求用户等待
?	选择帮助的对象
I	编辑光标，此时单击鼠标，可以输入文本
	手写状态
⊘	禁用标志，表示当前操作不能执行
	链接选择，此时单击鼠标，将出现进一步的信息
↕	指向窗口上下行边框出现，拖曳鼠标可改变窗口高度
↔	指向窗口左右列边框出现，拖曳鼠标可改变窗口宽度
⤢	指向窗口右上角或左下角对角线出现，拖曳鼠标可同时改变窗口高度和宽度
⤡	指向窗口右下角或左上角对角线出现，拖曳鼠标可同时改变窗口高度和宽度
✥	单击系统控制菜单中的“移动”命令出现，指向标题栏移动对象（窗口）

（3）鼠标的基本操作

① 指向：移动鼠标，使鼠标指针指向目标位置。

② 移动：握住鼠标在鼠标垫板或桌面上移动时，屏幕上的鼠标指针就随之移动。

③ 单击：即用鼠标指向某个对象，按一下鼠标左键再松开。用于选择某个对象或某个选项或按钮等。

④ 双击：即用鼠标指向某个对象，连续按两次鼠标左键或者说单击二次。用于选择某个对象并执行。

⑤ 右击：即用鼠标指向某个对象，按一下鼠标右键、松开。常用于完成一些快捷操作。一般情况下，右击任何位置都会弹出快捷菜单或帮助提示（只是右击的位置不同，弹出的快捷菜单项不同）。选择其中的菜单命令项可以快速执行该菜单命令，因此称为快捷菜单。

⑥ 三击：即连续单击鼠标左键 3 次。在 Word 文档中，鼠标指向文档中间任一位置三击，可以选择一个自然段；如果将鼠标指向文本行左侧空白处，鼠标指针变成指向右上方的箭头，这时三击，双击选择一个自然段，接着单击，选择整篇文档，效果同 Ctrl+A 组合键。

⑦ 拖曳：将鼠标指向一个对象，按住鼠标左键移动鼠标，在另一个地方释放。常用于窗口

内滚动条和滚动滑块操作或对象的移动、复制、删除等操作。

3. 打印机

（1）打印机的概念

打印机（Printer）是计算机最基本的输出设备之一。用于将需要的数据在打印纸打印出来。打印机按印字方式可分为击打式和非击打式两类。

① 击打式打印机。主要指针式打印机，目前通用的是 24 针打印机，只用于少量的打印业务，如纸张较厚的卡片、荣誉证书等，如图 1-4（a）所示。

② 非击打式打印机。非击打式打印机是目前最流行的，主要有激光打印机（Laser Printer）和喷墨式打印机（Inkjet Printer），它们都是以点阵的形式组成字符和各种图形，如图 1-4（b）和图 1-4（c）所示。

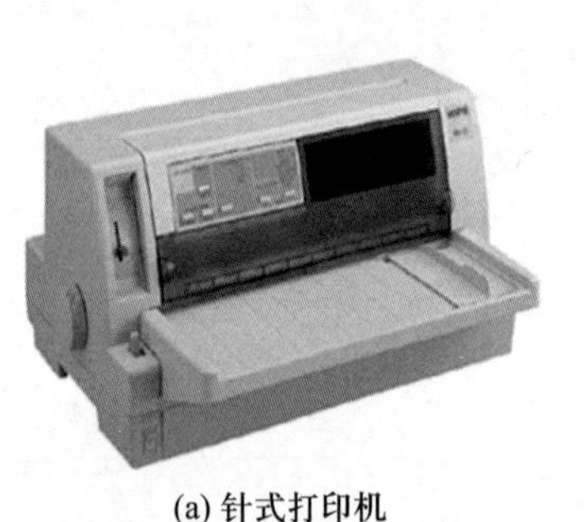

(a) 针式打印机

(b) 喷墨打印机

(c) 激光打印机

图 1-4 打印机

（2）打印机的使用

① 打印前的准备工作。

- 启动 Word 应用程序，打开需要打印的文件。
- 先对准备打印的文件进行页面设置，如纸张大小、纸张方向、上下左右页边距，页眉、页脚设置以及首页的颜色等。
- 检查打印预览页面及颜色有没有异常问题，如果没有就可以打印了。

② 确认数据线已经连接到计算机上，打印机已经接通电源，打印纸已准备好。

③ 如果打印机只支持单面打印，而此时恰好需要单面打印，这时单击“快速访问工具栏”中的“快速打印”按钮即可。

④ 打印文档中的部分内容。

- 在“文件”选项卡中选择“打印”命令，如图 1-5 所示。
- 在“打印”界面设置打印的参数，如打印份数（系统默认是 1 份）、选择打印机、设置打印页数、单面打印还是手动双面打印（如果打印机支持双面打印就不需要选择手动项），如图 1-5 所示。
- 设置完毕，单击“打印”按钮。

4. 搜狗拼音输入法用法

（1）切换到搜狗拼音输入法

在编辑状态下，按 Ctrl+Shift 组合键切换不同的输入法。

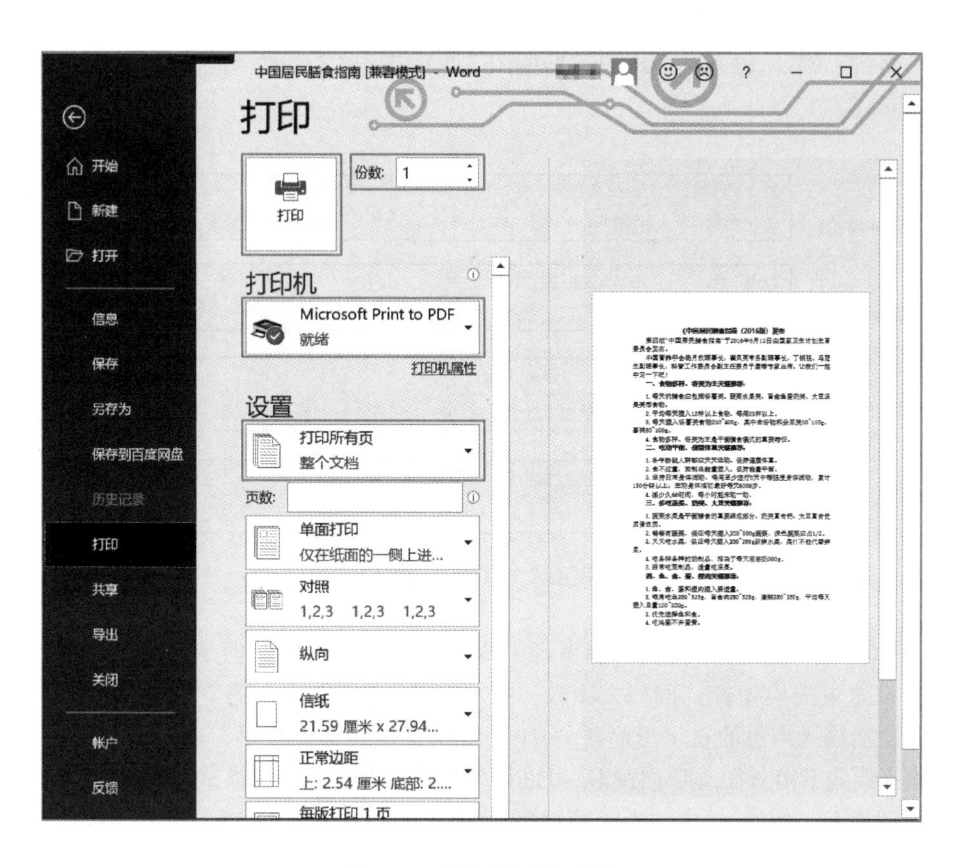

图 1–5 设置“打印”界面

（2）切换中 / 英文输入法

在文档编辑状态下，切换中 / 英文输入法有以下 2 种方法：

① 输入法默认切换方法：在中文输入状态下，按一下 Ctrl+ 空格键组合键就切换到英文输入状态，再按一下 Ctrl+ 空格键组合键返回到中文输入状态。

② 在中文输入状态下，单击搜狗拼音输入法状态栏上的“中”字按钮，输入法输入状态即切换到英文输入状态；同理，在英文输入状态下，单击状态栏上的“英”字，或者按一下 Ctrl+ 空格键组合键切换到中文输入状态。

（3）汉字输入方法

① 使用全拼输入模式，全拼是输入汉字完整的拼音声母韵母组合实现汉字输入的一种方法。由于编码长，不利于录入效率的提升。搜狗输入法支持全拼输入模式，例如，输入“指示精神”时，输入“zhishijingshen”即可，如图 1–6 所示。

图 1–6 全拼输入模式

② 使用简拼输入模式，简拼是输入声母或声母的首字母实现汉字输入的一种方法。有效利用简拼，缩短了码长，可以大大提升汉字的输入速率。搜狗输入法现在支持的是声母简拼和声

母的首字母简拼。例如，输入“zhshjsh”“zhsjsh”“zhsjings”“zsjs”等都可以得到“指示精神”，如图1-7所示。

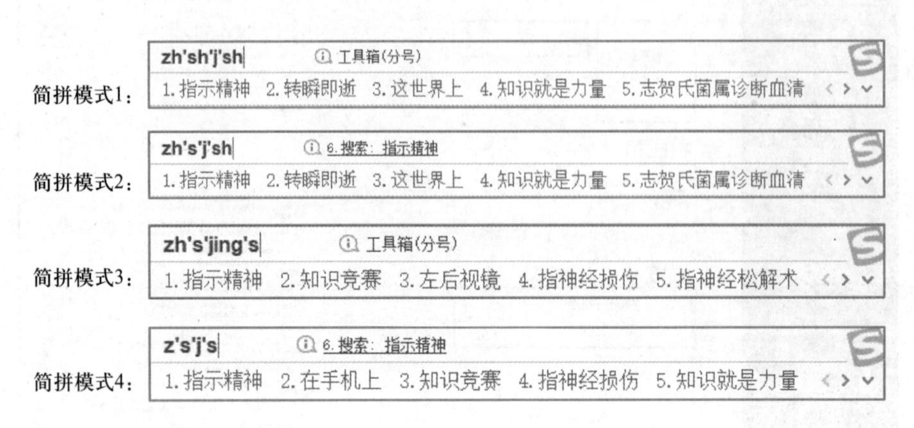

图1-7 简拼输入模式

注意：声母首字母简拼的作用和模糊音中的“z、s、c”相同。但是，这属于两种情形，即使没有选择设置里的模糊音，例如，输入“指示精神”，如果输入的字母多且包含多个h容易造成误输入，而输入声母的首字母简拼“zsjs”能很快得到想要的词。

简拼输入模式下由于候选字词过多，可以采用简拼和全拼混用的模式，由于减少了输入字母，输入效率得到提升。例如，输入“指示精神”时，输入“zhishijs”“zsjingshen”“zsjingsh”“zsjingsh”“zsjings”都是可以的。打字熟练的人会经常使用全拼和简拼混用的方式。显示的候选字词排序先后，取决于使用的频率。如果是使用频率很高的字词，直接使用简拼，如“zsjs”，输入效率更高。

③ 输入生僻字。输入生僻字之前，首先需要设置翻页键，系统默认使用减号“-”和等号“=”翻页。设置翻页键的操作方法如下：

- 启动搜狗拼音输入法。
- 右击输入法状态栏，弹出快捷菜单，如图1-8所示。
- 单击“属性设置”按钮，弹出“属性设置”窗口，选择左侧的“高级”选项，在右侧的窗口中设置候选翻页键，如果选中了“减号等号”“左右方括号”和“逗号句号”等复选项，无论按哪一组翻页键都可以翻页选字，如图1-9所示。
- U模式部首拆分输入生僻字。这是专门为输入不会读的字所设计的输入方法。

图1-8 搜狗拼音输入法快捷菜单

方法1：笔画输入法。先启动搜狗拼音输入法，然后输入字母u，再依次输入生僻字的笔画代码，就可以输入该字。汉字的基本笔画有横、竖、撇、捺、折5种，5种笔画代码分别为横（h）、竖（s）、撇（p）、捺（n）、折（z），见表1-5。

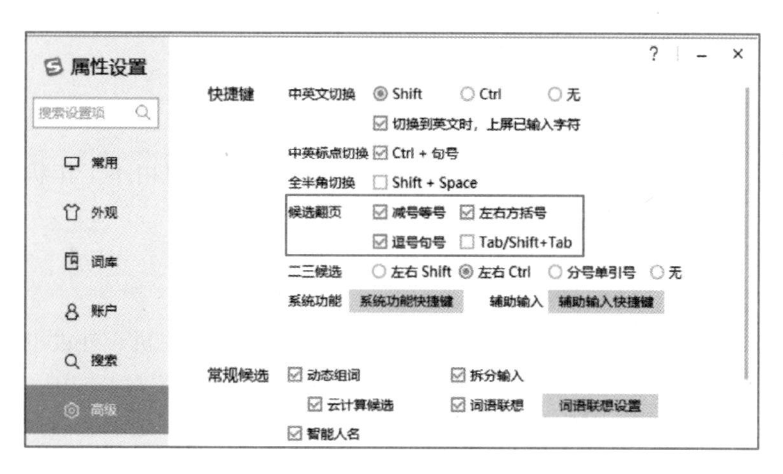

图 1-9　设置候选翻页键

表 1-5　基本笔画及其代码

基本笔画	横	竖	撇	捺	折
笔画代码	h	s	p	n	z
	1	2	3	4	5

例如，“有”的规范书写笔画顺序为横 h、撇 p、竖 s、折 z，所以“有”的输入码为 uhpsz。

“亓”的规范书写笔画顺序为横 h、横 h、撇 p、竖 s，所以“亓”的输入码为 uhhps。

方法 2：重叠字的输入方法。重叠字由两个或者多个相同的汉字（偏旁部首字）组成的汉字，如“槑”“羴”“燚”等。重叠字输入方法为：字母 u+ 偏旁部首字的拼音。例如，“羴”的输入码为 uyangyangyang，“槑”的输入码为 udaidai，“燚”的输入码为 uhuohuohuohuo。

方法 3：有更多的生僻字是由 2 个或多个不同的单字组成的，如“砼”等，一般情况下人们会写，但不会读。这样的生僻字可以尝试使用重叠字的输入方法：字母 u+ 偏旁部首的拼音。“砼”由“石”“人”和“工”组成，输入码为 ushirengong；“燊”由 3 个“火”和“木”组成，输入码为 uhuohuohuomu；“屃”由“尸”和“贝”组成，可是输入码 ushibei 时，无法输出“屃”字，此时可以尝试使用方法 1 输入，“屃”的规范输入笔画顺序为折 z、横 h、撇 p、竖 s、折 z、撇 p、捺 n，所以，“屃”输入码为 uzhpszpn。

小技巧

非重叠字的生僻字的输入方法

① 不知道读音，只知道偏旁部首的汉字。如“黏”“亓”等字，输入的方法为：u+ 偏旁部首的读音，或者 u+ 汉字的规范书写顺序笔画代码。其中（shu）代表竖心旁；（h）代表横，（s）代表竖，（p）代表撇，（n）代表捺，（z）代表折。“黏”的输入码为 ushuzhan，“亓”的输入码为 uhhps。

② 知道读音、也知道字形，但是字的位置排序靠后的汉字。如“幂”字，输入 mi，用翻页查找，比较费时间，快捷查找的输入方法是：先输入汉字的读音，按 Tab 键，再顺序输入偏旁的全拼首字母。例如，“幂”字的偏旁是“秃宝盖”，对应的字母就是 t，所以，“幂”字的输入方法为：先输入读音 mi，按 Tab 键，再输入字母 t。

基本技能

1. 启动计算机

启动计算机：计算机由断电状态到通电状态的过程，是计算机由不工作状态进入工作状态的过程，也是操作系统启动的过程。

（1）开机模式

开机有冷启动和热启动两种模式。

① 冷启动是在不通电情况下的启动。操作方法：接通计算机主机、外设电源，按下主机箱上“电源”按钮，计算机即进入启动过程。

② 热启动是指在通电状态下选择“重启”或者“更新并重启”选项重启计算机。

热启动的操作方法有以下几种。

方法 1：

a. 单击“开始”按钮，弹出“开始”菜单，如图 1-10 所示。

b. 单击“开始”菜单左侧栏最下面的“电源”按钮，弹出“电源”功能列表，选择“重启”命令即可，如图 1-11 所示。

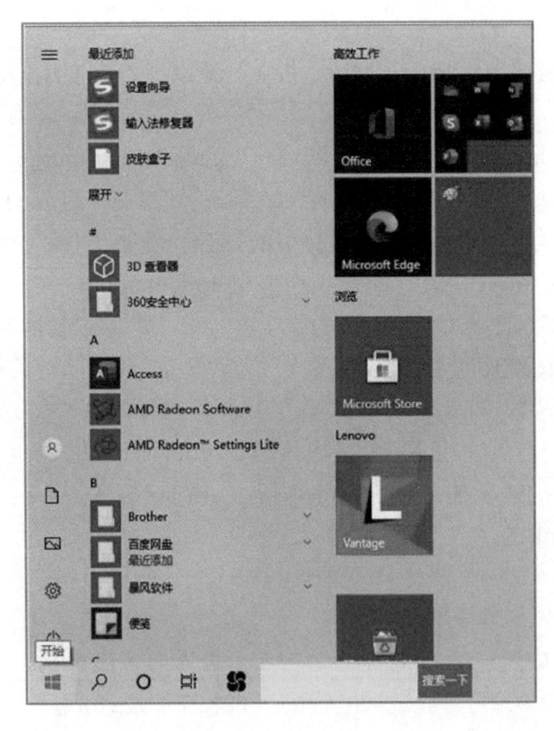

图 1-10 “开始”菜单

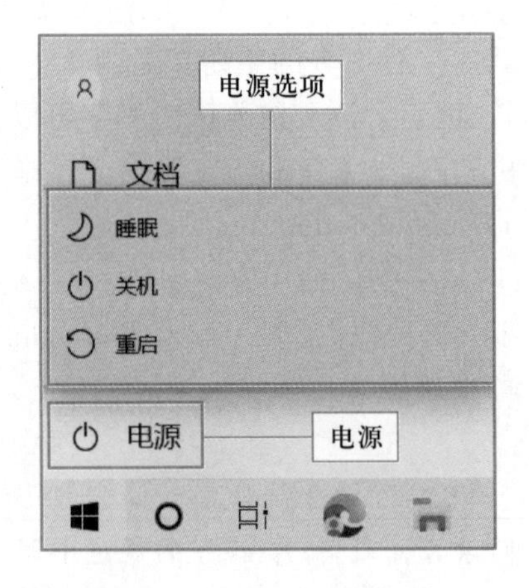

图 1-11 “电源”选项列表

“电源”功能列表中有“睡眠”“关机”“重启”3 个功能选项。

✓ 睡眠：计算机保持开机状态，但能耗较少，应用一直保持打开状态，这样在唤醒计算机后，可以立即恢复到用户离开时的状态。

✓ 关机：关闭所有应用，然后关闭计算机。

✓ 重启：关闭所有应用，关闭计算机，然后重启计算机。

方法 2：

a. 右击“开始”按钮，弹出快捷菜单。

b. 鼠标指向快捷菜单中“关机或注销”菜单项，系统弹出其子菜单，子菜单中有“注销”“睡眠”“关机”“重启”4 个功能选项，选择“重启”命令即可，如图 1–12 所示。

注销是指关闭程序，重新登录，会向系统发出清除当前登录用户的请求，注销后即可使用其他用户身份重新登录系统。注销不可以替代重启，只可以清空当前用户的缓存空间和注册表信息。

方法 3：

a. 按 Ctrl+Alt+Delete 组合键，打开如图 1–13 所示对话框。

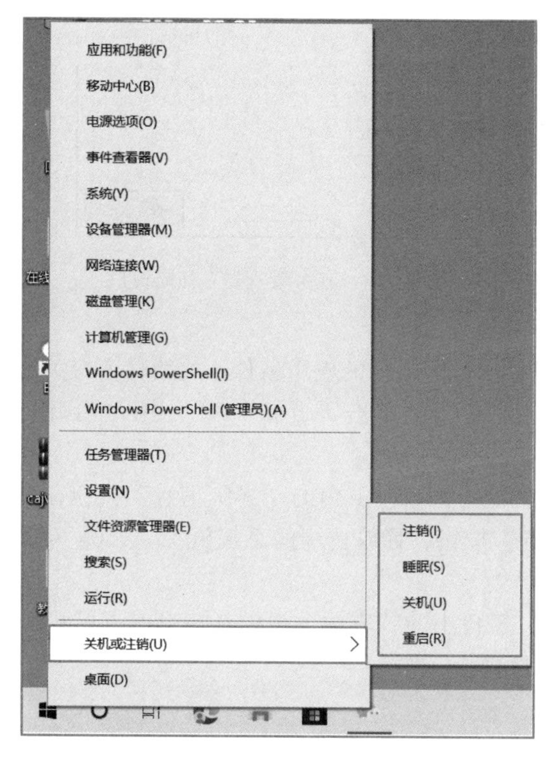

图 1–12 “关机或注销”子菜单功能选项

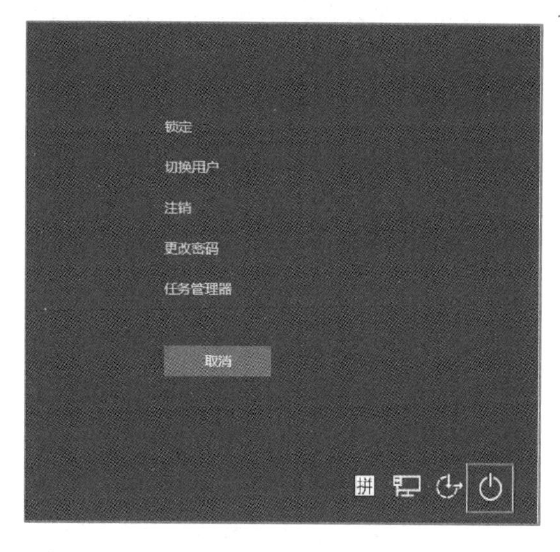

图 1–13 按 Ctrl+Alt+Delete 组合键打开的对话框

b. 单击右下角的“电源”按钮，弹出电源功能选项，选择“更新并重启”或“重启”命令即可，如图 1–14 所示。

此处“电源”功能列表有“睡眠”“更新并关机”“关机”“更新并重启”“重启”5 个选项。

✓ 更新并关机：关闭所有应用，更新计算机，然后关闭计算机。

✓ 更新并重启：关闭所有应用，更新计算机，关闭计算机，然后重启计算机。

（2）死机（死锁）现象

在计算机工作过程中，经常会出现操作画面定格无反应，按键盘键、移动鼠标无响应，软件运行非正常中断，这种现象称为死机（死锁）现象。解除死机现象的操作方法如下：

① 首先按 Ctrl+Alt+Delete 组合键启动“任务管理器”简略窗口，如图 1–15 所示。

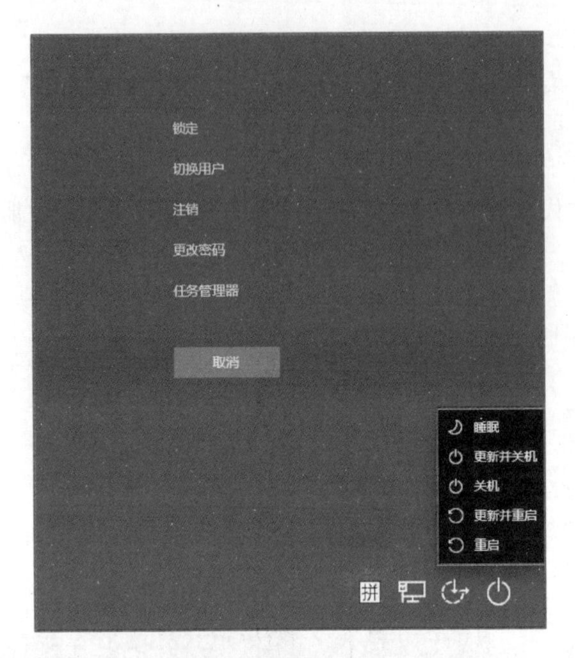

图 1–14 “电源”功能选项

图 1–15 “任务管理器”简略窗口

在简略窗口中系统程序和服务全部隐藏了，只显示目前运行的应用软件，在简略窗口关闭应用软件更方便。选中运行出问题的软件，如“画图”，然后单击“结束任务”按钮，“画图”软件就会被关闭。

② 如果结束“画图”程序死机问题还未解决，单击窗口左下角的“详细信息”按钮，选择左侧的“WeChat（32 位）”项，单击“结束任务”按钮，释放占用的系统资源，如图 1–16 所示。

③ 如果死机现象还未解除，在“任务管理器”窗口中的“应用”栏中选择目前占用 CPU 较多的应用程序，然后单击“结束任务”按钮，依次操作。

2. 关闭计算机

关闭计算机的方法有多种，以下是 2 种简便方法。

（1）菜单操作

在“开始”菜单中，单击或右击“电源”按钮，在弹出菜单中选择“关机”命令。

（2）键盘操作

① 按组合键 ALT+F4。如果当前处在桌面，按组合键 ALT+F4 打开“关闭 Windows”对话框。在“希望计算机做什么”下拉列表框中选择“关机”选项，或者“更新并关闭计算机”选项，并单击“确定”按钮。

② 但如果当前打开了一个或者多个应用程序，在执行关闭应用程序过程中，系统可能会询问用户对即将关闭的应用程序的处理建议，如是否保存等，需要保存单击“是”按钮，不需要保存单击“否”按钮，待所有应用窗口关闭后返回到桌面；重复①的操作。

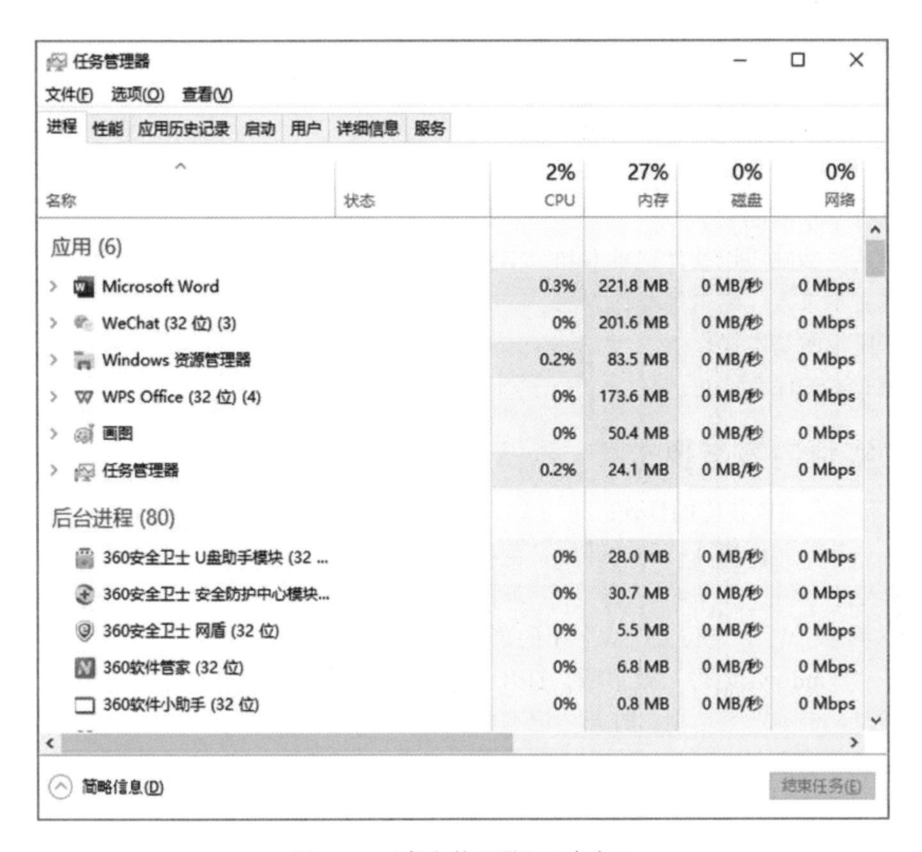

图 1–16 “任务管理器”正常窗口

3. 键盘指法操作技能

① 使用正确的指法。正确指法是准确、熟练、快速录入的基础，指法不正确，速度慢且容易出错。正确的指法如图 1–2 所示，勤加训练，做到烂熟于心。

② 牢记打字要领。首先是打字姿势正确；经常进行指法训练，反复练习，集中精力，进行盲打训练，做到击键准确，才能快速提升。

③ 记住 Windows 通用的快捷键（键盘命令），通用的快捷键及功能见表 1–3。

4. 熟练使用鼠标

鼠标是人们使用计算机过程中应用最多的工具，牢记鼠标的各项基本操作以及鼠标滚轮键的应用，并常练习。

5. 汉字输入操作技能

利用搜狗拼音输入法，使用全拼、简拼、混拼等多种方式输入汉字，勤加练习。使用生僻字的输入技巧来练习输入各个生僻字。

实训任务 1.1 计算机基本操作技能训练

 实训目的

① 掌握开机、关机的方法。

② 认识“开始”菜单。

③ 掌握使用“开始”菜单快速查找应用程序的检索方法。

④ 认识键盘键位布局。

⑤ 掌握 8 个基准键的定位操作。

⑥ 了解打字基本要领。

⑦ 了解系统基础应用软件记事本和写字板的启动方法。

⑧ 掌握文本录入、编辑等操作方法。

⑨ 掌握鼠标的基本操作。

⑩ 掌握文本的保存方法。

实训内容与要求

按照以下要求完成相应的操作。

① 单击“开始”按钮，打开“开始”菜单。

② 单击分组字符，如“#”“A”“B”等任意字符，打开应用检索表。

③ 单击字符“W”，定位到“W”组的菜单项。

④ 选择“Windows 附件”菜单项，打开子菜单。

⑤ 选择“记事本”菜单项，打开“记事本”应用程序窗口。

⑥ 在记事本中录入以下英文。

Never Give Up

Never give up,
Never lose hope.
Always have faith,
It allows you to cope.
Trying times will pass,
As they always do.
Just have patience,
Your dreams will come true.
So put on a smile,
You’ll live through your pain.
Know it will pass,
And strength you will gain.

⑦ 校对文本，包括字母大小写和标点符号（不可忽略）。

⑧ 在菜单栏中选择“文件”→“保存”命令，在打开的对话框左侧栏中选择“桌面”选项，将编辑的文件保存到计算机的桌面上，并将文件命名为 Never Give Up。

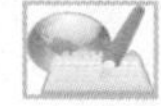

实训步骤与指导

① 启动计算机

对于 Windows 10 系统，常用的重启计算机有冷启动和热启动 2 种方法。冷启动操作方法如下：接通计算机外接电源；按下计算机主机面板上的电源开关键，电源开关键上自带指示灯亮，计算机（或便携式计算机）开始启动。

② 单击“开始”按钮，打开“开始”菜单。

③ Windows 10 的“开始”菜单被分成应用列表和开始屏幕两个区，如图 1-17 所示。

✓ 左侧为常用项目和最近使用过的项目的显示区域，还能显示所有应用列表等。

✓ 右侧是“开始”屏幕，专为高效工作而设定，用来固定图标（像磁贴一样）的区域。右击左侧的应用软件图标，在弹出的快捷菜单中选择“固定到‘开始’屏幕”命令即可。

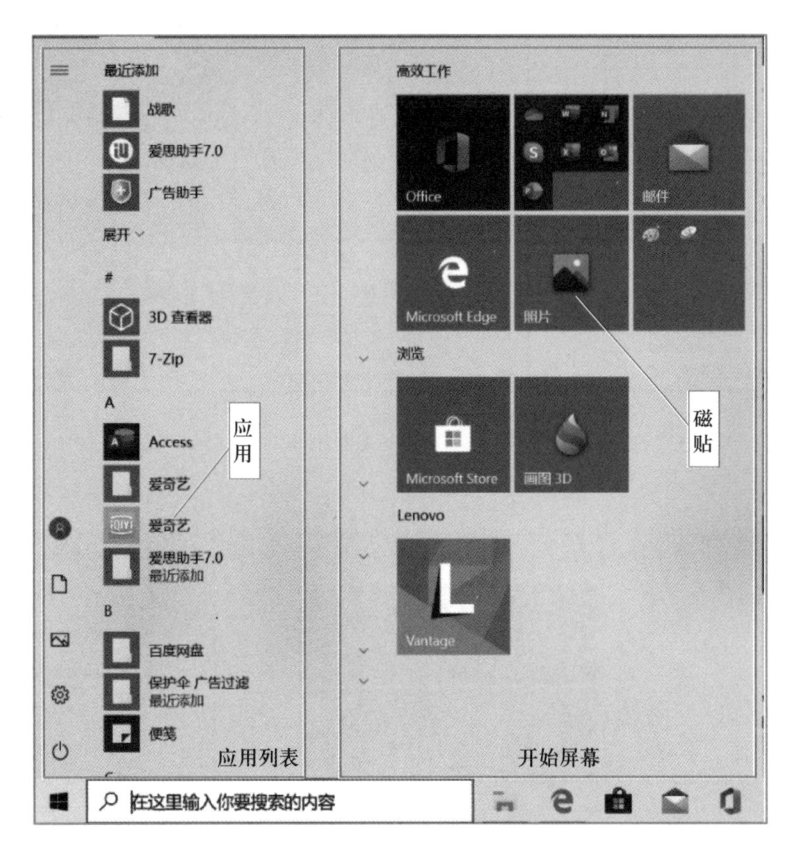

图 1-17 “开始”菜单分区

④ 应用区中所有程序都是目前系统中已安装的应用程序，是按照顺序分组管理的，其中把 A~Z（汉字是按拼音 A~Z）这些字母叫作分组标签，如图 1-18 所示。

⑤ 单击任意一个分组标签，如字母 A，弹出快速查找的检索表界面，这就是 Windows 10 提供的首字母索引功能，应用起来非常方便，方便快速查找需要的应用，如图 1-19 所示。这需要人们事先了解应用程序的名称和它所属文件夹。

⑥ 单击字母“W”，弹出“开始”菜单中“W”组应用列表，如图 1-20 所示。

⑦ 选择“Windows 附件”菜单项，展开子菜单，如图 1-21 所示。

⑧ 选择“记事本”菜单项，打开“记事本”应用程序窗口，系统自动创建一个名为“无标题”的文本文件。“记事本”应用程序窗口中各元素如图 1-22 所示。

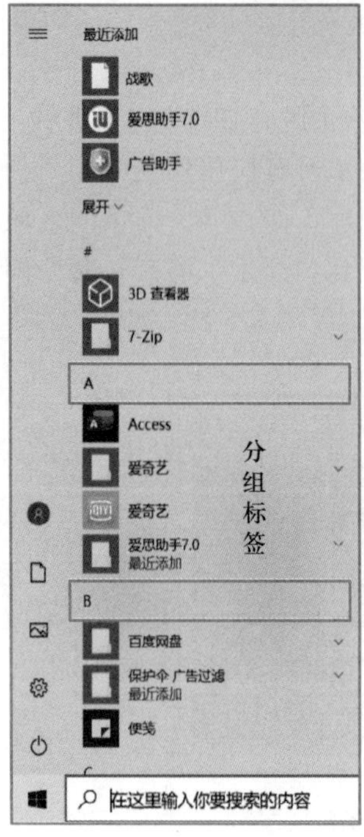

图 1-18 字母分组标签

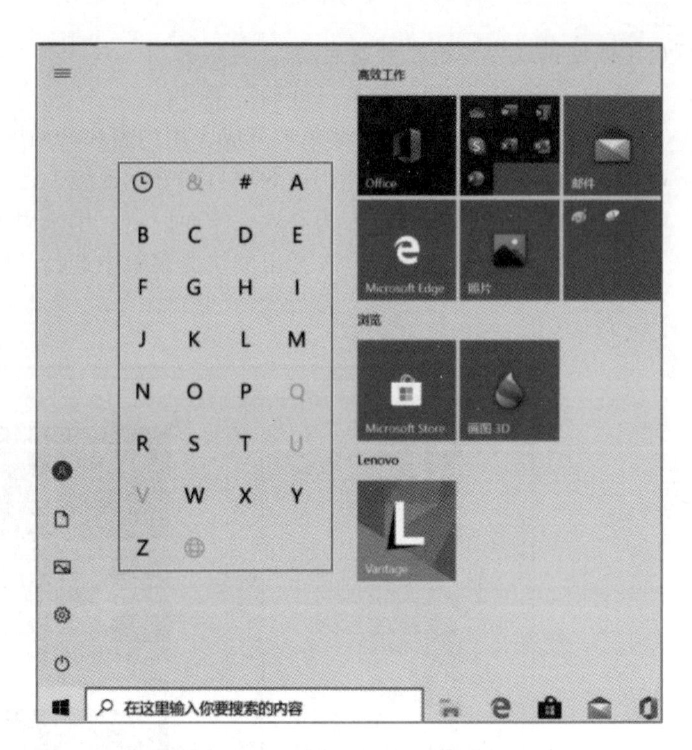

图 1-19 应用分组标签索引表

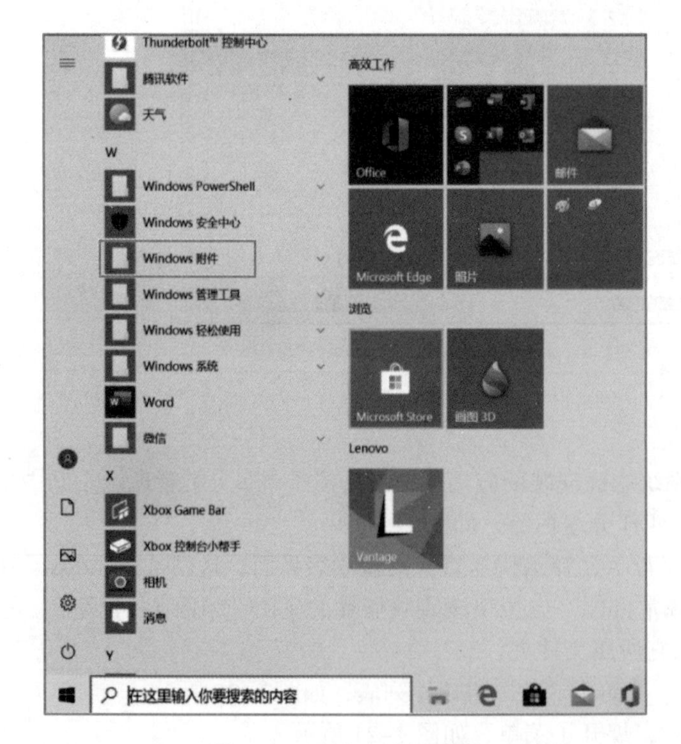

图 1-20 “W”组应用列表

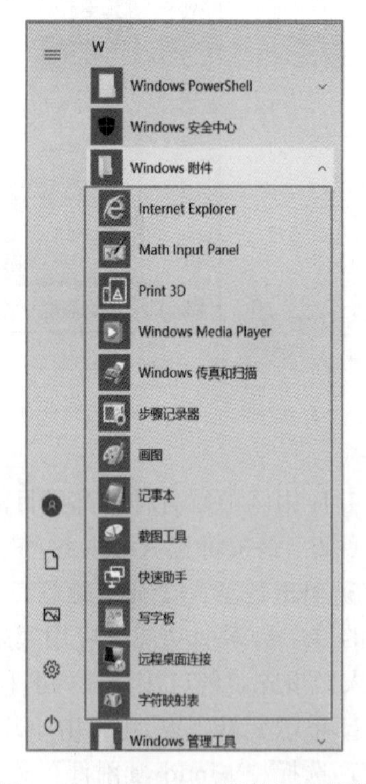

图 1-21 “Windows 附件”子菜单

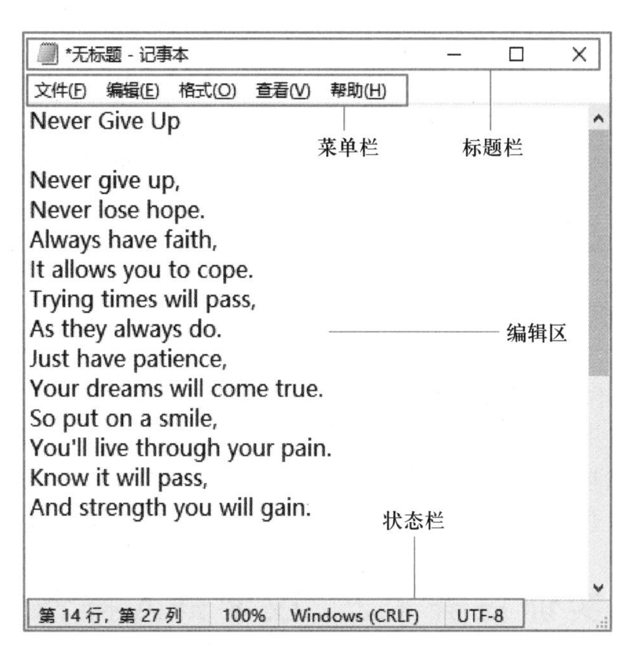

图 1-22 “记事本”应用程序窗口

文本编辑区位于菜单栏下方，是一个较大的窗口区域，用来编辑文档内容。

a. 先输入英文歌 *Never Give Up* 内容。然后校对文本及标点符号。

b. 修改文档字符可以使用键盘上的 4 个方向键移动插入点，或者直接用鼠标单击定位插入点。

c. 用 Delete 键删除插入点后面的字符，用 Backspace 键删除插入点前面的字符。

d. 也可用鼠标拖动所选中需要修正的错误文本，直接输入正确的文本替换错误的文本。

文本编辑完成，可以选择“文件”→“保存”命令保存文件，如图 1-23 所示。

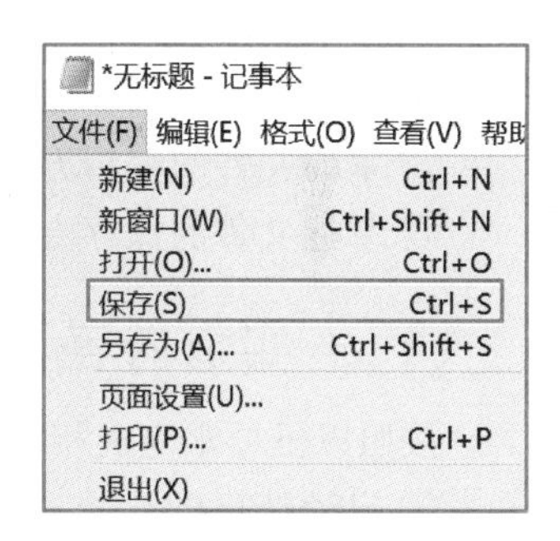

图 1-23 “文件”菜单

注意：键盘操作，先严格训练指法，后练习输入英文字母、英文单词，再练习输入文章。当熟练掌握后，再练习使用拼音输入法输入汉字单字、词及文章。要反复交错练习，才会熟能生巧。

任务完成，先确认保存最后的修改及效果，再关闭文档，可单击窗口右上角的“关闭”按钮，或者选择“文件”→“退出”命令。

⑨ 打字坐姿和操作要领

✓ 身体放松自然挺直，不要架起二郎腿，身体不要扭曲。眼睛正视左边或右边的文本夹，不看键盘，练习盲打。

✓ 打字过程要集中精力，全神贯注，做到眼到、手到、心到。

⑩ 定位十指 8 个基准键位

打字时，左右手共 10 个手指，除了两个大拇指外，其余 8 个手指要定位在 8 个基准键位上，认真进行十指辖键练习，只有击键准确，速度快，才能让打字速度快速提高，见表 1-6。

表 1–6 8 个基准键

左手				右手			
小指	无名指	中指	食指	食指	中指	无名指	小指
A	S	D	F	J	K	L	:;

注意：速度和准确度练习，手指敲击键位不越位。

⑪ 关机

一般情况下，关机模式有以下 2 种。

✓ 关机模式——让主机彻底断电。

✓ 睡眠模式——选择睡眠模式时，系统会将正在处理的数据保存到内存中，除内存以外的所有设备都停止供电。若是睡眠期间停电了，内存断电，数据就会丢失。

实训任务 1.2 汉字录入操作

实训目的

① 掌握开机、关机和重新启动计算机的方法。

② 掌握快速定位“开始”菜单中应用程序的方法。

③ 掌握启动应用程序的操作方法。

④ 掌握“写字板”应用程序基本操作方法。

⑤ 掌握文件的编辑方法。

⑥ 掌握文件的保存方法。

实训内容与要求

按照以下要求完成相应的操作。

① 启动计算机。

② 单击“开始“按钮，打开“开始”菜单。

③ 在“W”组的“Windows 附件”中选择“写字板”菜单项，打开“写字板”应用程序窗口。

④ 启动搜狗拼音输入法。

⑤ 在写字板中输入以下固定首字母的 22 个高频字。

A= 啊　B= 吧　C= 才　D= 的　F= 飞
G= 个　H= 好　J= 就　K= 看　L= 了
M= 吗　N= 你　O= 哦　P= 平　Q= 去
R= 人　S= 是　T= 他　W= 我　X= 想
Y= 一　Z= 在

提示：以输入“啊”为例，按键盘上的字母 A，“啊”就出现在输入法状态栏的首位，按空格键就完成输入。

⑥ 在写字板中输入下列词（包括人名、地名、重叠字、生僻字双字词及成语）。

人　名：秦始皇 周树人 柴可夫斯基 向红丁 老舍

地　名：中华人民共和国 新加坡 避暑山庄 金字塔 布达拉宫 天安门 秦皇岛 世界卫生组织 西双版纳 东岳泰山 黄鹤楼

叠加字：犇 猋 骉 麤 毳 淼 掱 焱 垚 赑 燚 靇 掱 晶 垚 飝 轟 孨 毳 鱻 嚞 尛 槑

生僻字：砼 匰 戮 贠 乜 焊 炙 灸 冇 仝 𡈼 孑 孓 孒 尐 宅 𠪱 奭 廻 丣 朂 溜 牚

双字词：开心 幸福 革命 邋遢 恬静 忘我 厚道 虔诚 韶华 超越 温暖 感恩 希望 耕种 膳食 清淡 前锋 俯瞰 沉鱼 落雁 闭月 羞花 唐诗 宋词 照亮 中华

成　语：厚德载物 上善若水 自强不息 狐假虎威 众志成城 精诚所至 自强不息 诗情画意 三思后行 居安思危

⑦ 在写字板中录入下面的文章。

中国梦让人民共享人生出彩的机会

实现中国梦必须走中国道路，这条道路就是中国特色社会主义道路。这条道路来之不易。它是在改革开放 30 多年的伟大实践中走出来的，是在中华人民共和国成立 60 多年的持续探索中走出来的，是在对近代以来 170 多年中华民族发展历程的深刻总结中走出来的，是在对中华民族 5 000 多年悠久文明的传承中走出来的，具有深厚的历史渊源和广泛的现实基础。中华民族是具有非凡创造力的民族，我们创造了伟大的中华文明，我们也能够继续拓展和走好适合中国国情的发展道路。全国各族人民一定要增强对中国特色社会主义的理论自信、道路自信、制度自信，坚定不移沿着正确的中国道路奋勇前进。

实现中国梦必须弘扬中国精神。这就是以爱国主义为核心的民族精神，以改革创新为核心的时代精神。这种精神是凝心聚力的兴国之魂、强国之魂。爱国主义始终是把中华民族坚强团结在一起的精神力量，改革创新始终是鞭策我们在改革开放中与时俱进的精神力量。全国各族人民一定要弘扬伟大的民族精神和时代精神，不断增强团结一心的精神纽带、自强不息的精神动力，永远朝气蓬勃迈向未来。

实现中国梦必须凝聚中国力量，这就是中国各族人民大团结的力量。中国梦是民族的梦。也是每个中国人的梦。只要我们紧密团结，万众一心，为实现共同梦想而奋斗，实现梦想的力量就无比强大，我们每个人为实现自己梦想的努力就拥有广阔的空间。生活在我们伟大祖国和伟大时代的中国人民，共同享有人生出彩的机会，共同享有梦想成真的机会，共同享有同祖国和时代一起成长与进步的机会。有梦想，有机会，有奋斗，一切美好的东西都能够创造出来。全国各族人民一定要牢记使命，心往一处想，劲往一处使，用 13 亿人的智慧和力量汇集起不可战胜的磅礴力量。

⑧ 内容输入完成后，要认真校对内容，包括标点符号。

 实训步骤与指导

① 启动计算机。

② 单击“开始”按钮，打开“开始”菜单。

③ 在“W”组的“Windows 附件”中选择“写字板”菜单项，如图 1-21 所示。

④ 打开“写字板”应用程序窗口，如图 1-24 所示。

⑤ 启动搜狗拼音输入法。如果当前输入法不是搜狗拼音输入法，按 Ctrl+Shift 组合键，切

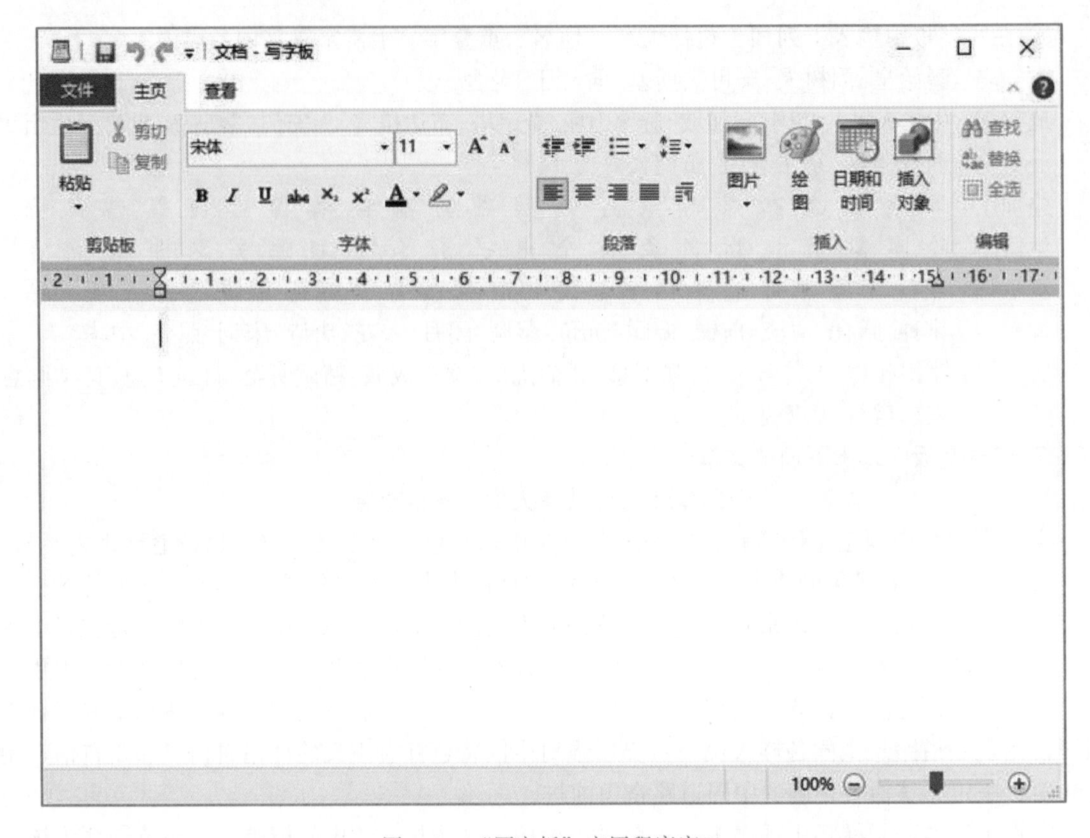

图 1–24 “写字板”应用程序窗口

换到搜狗拼音输入法。

⑥ 在写字板中输入固定首字母的 22 个高频字。以输入“P= 平”为例，其操作方法如下：

按该高频字所在的字母 P 键，该高频字“平”即出现在输入法状态栏的首位，大拇指敲击空格键，高频字“平”输入到屏幕上。其他高频字的输入同理。反复练习，提高录入速度。

⑦ 在写字板中按 Enter 键另起一行，输入人名和地名。一定要使用智能输入。以“周树人”为例，其操作方法如下：

“周树人”的全拼是 zhou shu ren，使用智能输入时只输入其首字符，即 zsr。“周树人”可能不一定出现在首位，有可能需要使用翻页键寻找。

⑧ 在写字板中另起一行来输入重叠字。重叠字的最大特点就是：都是由相同的偏旁部首组成，而且这些偏旁部首都是汉字。

⑨ 在写字板中另起一行来输入双字词。输入双字词时，一般采用智能输入、简拼输入或者混合输入完成。例如，“邋遢”是不太常用的词语，可以采用智能简拼混合输入 lta 或者 lat；“沉鱼”和“落雁”作为一个四字词语出现，采用智能简拼输入 cyly，并出现在首位，而“沉鱼”和“落雁”作为双字词出现，不太常用，简拼输入时会多次使用翻页键，此时可以直接输入全拼。

⑩ 在写字板中另起一行来输入成语。成语输入一般采用简拼输入，如“众志成城”的输入简拼为 zzcc。

⑪ 在写字板中另起一行来输入文章“中国梦让人民共享人生出彩的机会”。在输入文章时，切记不要一个字一个字地输入，至少是一个词一个词地输入，或者一个句子一个句子地输入。

句子是由词组成的，可以采用智能混合输入方法完成文章的输入。

单字在学习初期务必要集训一个月才会有较好的效果。训练时，在保证指法定位准确的前提下，一要用心，二要用脑，三要全神贯注。操作过程中，做到“三到”，即眼到、心到、手到，一个不到，效果都不可能很好。

拓展实训任务

文字录入操作

实训内容

Love Your Life

热爱生活

Henry David Thoreau

亨利·大卫·梭罗

However mean your life is, meet it and live it; do not shun it and call it hard names. It is not so bad as you are. It looks poorest when you are richest. The fault-finder will find faults in paradise. Love your life, poor as it is. You may perhaps have some pleasant, thrilling, glorious hourss, even in a poor-house. The setting sun is reflected from the windows of the alms-house as brightly as from the rich man\'s abode; the snow melts before its door as early in the spring. I do not see but a quiet mind may live as contentedly there, and have as cheering thoughts, as in a palace. The town\'s poor seem to me often to live the most independent lives of any. May be they are simply great enough to receive without misgiving. Most think that they are above being supported by the town; but it often happens that they are not above supporting themselves by dishonest means. Which should be more disreputable. Cultivate poverty like a garden herb, like sage. Do not trouble yourself much to get new things, whether clothes or friends, Turn the old, return to them. Things do not change; we change. Sell your clothes and keep your thoughts.

不论你的生活如何卑贱，你都要面对它生活，不要躲避它，更别用恶言咒骂它。它不像你那样坏。你最富有的时候，倒是看似最穷。爱找缺点的人就是到天堂里也能找到缺点。你要爱你的生活，尽管它贫穷。甚至在一个济贫院里，你也还有愉快、高兴、光荣的时候。夕阳反射在济贫院的窗上，像身在富户人家窗上一样光亮；在那门前，积雪同在早春融化。我只看到，一个从容的人，在哪里也像在皇宫中一样，生活得心满意足而富有愉快的思想。城镇中的穷人，我看，倒往往是过着最独立不羁的生活。也许因为他们很伟大，所以受之无愧。大多数人以为他们是超然的，不靠城镇来支援他们；可是事实上他们是往往利用了不正当的手段来对付生活，他们是毫不超脱的，毋宁是不体面的。视贫穷如园中之花而像圣人一样耕植它吧！不要找新的花样，无论是新的朋友或新的衣服，来麻烦你自己。找旧的，回到那里去。 万物不变，是我们在变。你的衣服可以卖掉，但要保留你的思想。

操作要求

① 打开“记事本”应用程序，在“记事本”中完成英文部分的录入。

② 打开“写字板”应用程序，在“写字板”中完成中文部分的录入，也可以打开 Word 应用程序录入实训内容。

③ 可以使用“金山打字通”来练习指法、英文输入和中文输入，也可以测试打字的速度，知道自己的正确率是多少。要想快速提升文字录入水平，必须规范坐姿和进行指法练习。

④ 推荐专业练习软件“金山打字通”。

项目 2

Windows 10 操作系统应用

Windows 10 操作系统应用

项 目 目 标

本项目实训包括 5 个实训任务。

① Windows 10 操作系统的安装。

② 定制个性化的桌面。

③ 文件和文件夹的操作。

④ 管理用户账户。

⑤ 查看和清理磁盘、整理磁盘碎片。

通过本项目的实训，使读者熟练掌握 Windows 10 操作系统的安装方法；学会根据自己的需要定制个性化的桌面；熟练掌握文件和文件夹的创建、复制、移动、删除等一系列操作；学会添加与设置用户账户，为后续项目的学习打下基础。

知识目标

① 熟悉 Windows 10 操作系统安装的软硬件环境。

② 了解计算机窗口的组成以及对话框的形式。

③ 了解桌面主题的概念。

④ 了解屏幕分辨率和刷新频率的概念。

⑤ 掌握文件和文件夹概念及命名规则。

⑥ 掌握用户账户的概念与分类。

⑦ 了解磁盘管理重要性和必要性。

技能目标

① 能够熟练安装 Windows 10 操作系统。

② 能够熟练设置任务栏和开始菜单。

③ 能够熟练设置桌面图标和桌面外观。

④ 能够熟练对磁盘文件和文件夹进行创建、复制、移动、删除等一系列操作。

⑤ 能够熟练更改系统时间和日期、添加和删除用户账户、添加和删除输入法、安装和卸载应用程序等。

⑥ 能够熟练查看和清理磁盘，整理磁盘碎片。

知 技 要 点

 基本知识

1. Windows 10 窗口组成

Windows 10 窗口由标题栏、快速访问工具栏、地址栏、搜索栏、控制按钮区、导航区、工作区、菜单栏、状态栏以及一些按钮（“最大化”“最小化”“还原”“前进”“返回”“关闭”等按钮）组成。

2. Windows 10 的对话框

在 Windows 10 中，不同的操作需要用户提供不同的信息，对话框的形式可能是不同的，一般包含有文本框、列表框、下拉列表框、数值框、单选框、复选框、命令按钮等其中一种或几种。

3. Windows 10 的桌面主题

桌面主题是指搭配完整的系统外观和系统声音的一套设置方案，可简称为“主题”。在 Windows 操作系统中，“主题”一词特指 Windows 的视觉外观。主题可以包含风格、桌面壁纸、屏保、鼠标指针、系统声音事件、图标等，除了风格是必需的之外，其他部分都是可选的。风格可以定义的内容是人们在 Windows 里所能看到的一切，如窗口的外观、字体、颜色、按钮的外观等。

4. 屏幕分辨率和刷新频率

分辨率是指显示器所能显示点的数量，显示器可显示的点数越多，画面越清晰，屏幕区域内显示的信息也就越多。刷新频率就是屏幕每秒画面被刷新的次数。刷新频率越高，屏幕上图像闪烁感就越小，稳定性也就越高。设置刷新频率主要是防止屏幕出现闪烁现象，如果刷新频率设置过低会对人的眼睛造成伤害。

5. 文件和文件夹

文件是储存在计算机磁盘内的一系列相关信息的集合。文件中的信息可以是文字、图形、图像、声音等，也可以是一个程序。而文件夹则是文件的集合，用来存放单个或多个文件。

6. 文件或文件夹的属性

文件或文件夹属性有 3 种，其中“只读”只可以看，不可修改；“隐藏”看不到这个文件，在显示隐藏文件的情况下，既可看到，也可修改；“存档”既可看，也可修改。

7. 用户账户

Windows 10 是一个多用户、多任务的操作系统，它允许每个使用计算机的用户建立自己的工作环境，即建立自己的账户，设置自己的密码，保护自己的信息安全。Windows 10 中用户账户有 Microsoft 账户和本地账户，本地账户又包括管理员账户、标准账户等类型。

8. 磁盘清理与碎片整理

计算机在使用过程中，经常进行文件创建、删除、安装、卸载等操作，这些操作会在磁盘中产生很多碎片和大量的临时文件，用户需定期对磁盘进行清理与整理，以提高磁盘的读写速

度，同时也能释放出更多的磁盘空间。

基本技能

1. 窗口的基本操作

（1）移动窗口

鼠标指向标题栏，拖动窗口到某个位置，释放鼠标按键结束窗口移动操作。

（2）改变窗口大小

将鼠标指向窗口上、下、左、右边框时，鼠标指针即变成⇕、⇔形状，按下鼠标左键可在水平或垂直方向改变窗口的大小；将鼠标指向窗口4个角时，鼠标指针即变成⤢、⤡形状，此时按下鼠标左键沿对角线方向移动鼠标，可在水平和垂直两个方向上同时改变窗口大小。

（3）切换窗口

Windows 10 窗口切换的操作方法有两种，分别是使用 Alt+Tab 组合键激活窗口和单击任务栏上该窗口按钮。

（4）关闭窗口

关闭窗口有以下4种操作方法：

① 单击窗口右上角“关闭”按钮。

② 打开窗口控制菜单，选择“关闭”命令或双击系统控制图标。

③ 按 Alt+F4 组合键。

④ 选择“文件”菜单→“退出”或“关闭”命令。

2. Windows 10 操作系统的安装

安装方法见主教材。

3. 设置桌面图标和外观

右击桌面空白区，在弹出的快捷菜单中选择“个性化”命令，在打开的窗口左侧选择“主题”选项，在窗口右侧单击“桌面图标设置”按钮，在打开的对话框中选中“计算机”“用户的文件”“回收站”“网络”“控制面板”中一个或几个复选框，再单击“确定”按钮。

利用“个性化”窗口还可以进行“桌面背景”“屏幕保护程序”任务栏和“开始”屏幕的设置。

利用右键快捷菜单还可以进行“屏幕分辨率”的设置。

4. 文件或文件夹的操作

文件或文件夹的操作包括文件（文件夹）的选择、移动、复制、删除。

选择单个文件或文件夹：单击要选定的文件或文件夹。

选择多个相邻的文件或文件夹：选定第1个文件或文件夹，再按住 Shift 键单击最后一个文件或文件夹。

选择不连续的文件或文件夹：按住 Ctrl 键单击不连续的文件或文件夹。

选择全部文件或文件夹：选择“编辑”→“全部选择”命令或使用快捷键 Ctrl+A。

移动文件或文件夹：使用鼠标拖动的方法，鼠标指向要移动的文件或文件夹，拖动其到目标文件夹上，等到目标文件夹亮度显示时，松手即可。还可以使用“编辑”菜单中的“剪切”和“粘贴”命令把文件或文件夹移动到另一位置。

复制文件或文件夹：可以使用“编辑”菜单中的“复制”和“粘贴”命令来复制文件或文件夹。还可以用快捷键 Ctrl+C 复制，使用快捷键 Ctrl+V 粘贴，完成复制工作。

5. 文件或文件夹的属性及排序和显示方式

选择文件或文件夹，右击，在弹出的快捷菜单中选择“属性”命令，进行文件或文件夹属性的设置。在打开的文件夹里，右击，在弹出的快捷菜单中选择“查看”命令，可以用多种图标形式查看文件夹里的文件；在弹出的快捷菜单中选择“排列方式”命令，可以用多种形式排列该文件夹里的文件和文件夹。

6. 更改系统的日期和时间

打开“控制面板”窗口，单击“时钟和区域”超链接，在打开窗口中单击“设置日期和时间”超链接，在打开的对话框中单击“更改日期和时间”按钮，在打开的对话框“日期”选项区域设置系统的日期，在“时间”选项区域设置系统的时间。

7. 添加用户账户

打开“控制面板”窗口，单击“用户账户”超链接，在打开的窗口中再次单击“用户账户”超链接，在打开的窗口中单击“管理其他账户”超链接，在打开的窗口中单击“在电脑设置中添加新用户”按钮，打开“设置”窗口，在其中单击“将其他人添加到这台电脑”按钮，单击“我没有这个人的登录信息”→选择“添加一个没有 Microsoft 账户的用户”→在“谁将会使用这台电脑？”文本框里输入“新用户名”→在密码框输入密码→单击“下一步”按钮，即创建了新的用户。

8. 输入法的添加和删除

单击输入法图标，在弹出的列表选项中选择“语言首选项”选项，在打开的“设置”窗口中“首选的语言”下单击“中文（中华人民共和国）”选项，在其下单击“选项”按钮，在打开窗口左侧“键盘”项下选择已经安装的输入法。

要删除不需要的输入法，则可以在上述“键盘”项下选择要删除的输入法，单击“删除”按钮即可。

9. 查看和清理磁盘

打开“此电脑”窗口，选择要查看的磁盘（如 C：）并右击，在弹出的快捷菜单中选择“属性”命令，在打开的对话框中选择“常规”选项卡，在对话框中可以看到磁盘的“类型”“文件系统”“已用空间”“可用空间”及磁盘容量大小等。

在“C:属性”对话框中单击“磁盘清理”按钮，打开“电脑程序（C：）的磁盘清理”对话框，在“要删除的文件”列表框中选中相应复选框，单击“确定”按钮，弹出“确实要永久删除这些文件吗？”提示框，单击“删除文件”按钮，开始清理磁盘。

10. 检查磁盘

用户在进行文件的移动、复制、删除等操作时，磁盘中可能会产生坏的扇区，造成磁盘容量的减少。可以使用系统自带的磁盘检查功能来检查和修复坏的扇区。

打开“此电脑”窗口，右击要检查的磁盘（如 D：），在弹出的快捷菜单中选择“属性”命令，在打开的对话框中选择“工具”选项卡，单击“检查”按钮，根据需要选中“自动修复文件系统错误”复选框或“扫描并尝试恢复坏扇区”复选框，单击“开始”按钮开始检查，查错完成后，自动打开查错报告对话框，用户可以看到磁盘检查的详细情况。

11. 整理磁盘碎片

打开“此电脑”窗口，右击要检查的磁盘（如 D：），在弹出的快捷菜单中选择“属性”命令，在打开的对话框中选择“工具”选项卡，在“对驱动器进行优化和碎片整理”区单击“优化”按钮，在打开的“优化驱动器”对话框中选择要优化的磁盘，单击“优化”按钮，系统开始对所选磁盘进行分析优化。

实训任务 2.1 安装 Windows 10 操作系统

微课

安装 Windows 10 操作系统

 实训目的

掌握 Windows 10 操作系统的安装方法。

 实训内容与要求

① 对计算机硬件要求：1 GHz 以上的 32 位或 64 位 CPU；1 GB 以上的内存；DirectX 9 或更高版本的显卡；显示器分辨率在 1 024 × 768 像素以上。

② D 盘分区格式为 NTFS。

 实训步骤与指导

① 将计算机 CMOS 设置为光驱优先启动模式，然后放入 Windows 10 系统盘，重新启动。

② 下面的安装步骤与主教材中的全新安装相同，不再赘述。

> **小技巧**
>
> 如果 D 盘分区格式是 FAT32，则在安装之前必须把 D 盘转换成 NTFS 分区格式。其转换方法是：单击“开始”按钮，在“开始”菜单中选择“运行”菜单项，在打开的窗口中输入“convert d: /fs: ntfs/v”后按 Enter 键，即可自动转换。

实训任务 2.2 定制个性化桌面

微课

桌面图标和外观的设置

 实训目的

① 掌握桌面图标及外观的设置方法。

② 掌握任务栏外观和“开始”屏幕的管理方法。

③ 掌握字体的设置方法。

微课

任务栏的设置

 实训内容与要求

按照指定要求完成桌面的个性化设置。

① 设置桌面图标和外观。

② 添加图标至任务栏，调整任务栏的大小和位置。

③ 将应用程序固定到“开始”屏幕。

④ 添加与删除字体。

微课

开始屏幕的设置

 实训步骤与指导

① 右击桌面空白处，在弹出的快捷菜单中选择“个性化”命令，在打开的窗

微课
字体的设置

口中选择“主题”选项卡，在窗口右侧单击“桌面图标设置”按钮，在打开的对话框中选中需要显示的图标复选框，单击“确定”按钮。

右击桌面空白处，在弹出的快捷菜单中选择“个性化”命令，在打开窗口中选择“背景”选项卡,在右侧“背景”下拉列表框中可以选择“图片”“纯色”“幻灯片放映”中的其中一种或单击“浏览”按钮,在打开的对话框中选择图片文件夹，选择图片，单击“确定”按钮。

② 打开需要添加到任务栏的程序，右击任务栏上该图标，在弹出的快捷菜单中选择“固定到任务栏”命令。

右击任务栏空白处，在弹出的快捷菜单中选择“锁定任务栏”命令，取消“锁定任务栏”，将鼠标指针移动到任务栏边框上并变成双向箭头后，拖曳鼠标即可调整任务栏大小。

右击任务栏空白处，在弹出的快捷菜单中选择“锁定任务栏”命令，取消“锁定任务栏”，拖曳任务栏向屏幕任意一边移动，释放鼠标，任务栏即会被移到所需的位置。

③ 打开程序列表，选中需要固定到“开始”屏幕之中的程序图标，右击，在弹出的快捷菜单中选择“固定到‘开始’屏幕”选项。

④ 下载字体,选中字体文件并右击,在弹出的快捷菜单中选择“复制”命令,打开“控制面板”窗口，单击打开“字体”选项超链接，在打开窗口的“组织”下方的窗口中右击，在弹出的快捷菜单中选择“粘贴”命令，即添加了字体。如果要删除字体，则选中要删除的字体，右击，在弹出的快捷菜单中选择“删除”命令即可。

小技巧

定制右键快捷菜单方式

定制右键快捷菜单大多是利用注册表编辑器（Regedit）来完成的，但是对于初学者来说既陌生又危险，毕竟修改注册表是一件要很慎重的事。对于一般用户来说，定制右键菜单可以采用以下方法：

① 在“开始”菜单中选择“Windows 系统”→“运行”命令，在运行框内键入“sendto”命令,单击“确定”按钮。这样就打开了 SendTo 文件夹,其中对象对应右键快捷菜单“发送到”中的各项内容。

② 在 SendTo 文件夹内添加某程序的快捷方式，这样在右键快捷菜单“发送到”中也加入了该快捷方式。使用时只要在文件上右击，在弹出的快捷菜单中选择“发送到”菜单栏中相应项即可。例如，以加入“记事本”程序为例，方法如下：先打开 SendTo 文件夹，在“开始”菜单中选择“Windows 附件”→“记事本”，右键将其拖曳到 SendTo 文件夹中，选择“在当前位置创建快捷方式”命令。此时记事本就在右键快捷菜单里了。

实训任务 2.3　文件和文件夹的操作

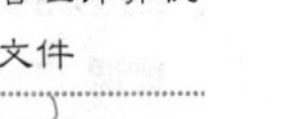
管理计算机文件

实训目的

① 掌握文件和文件夹的创建方法。

② 掌握文件和文件夹的移动、复制、删除等操作方法。

实训内容与要求

① 创建如图 2-1 所示的文件夹结构。

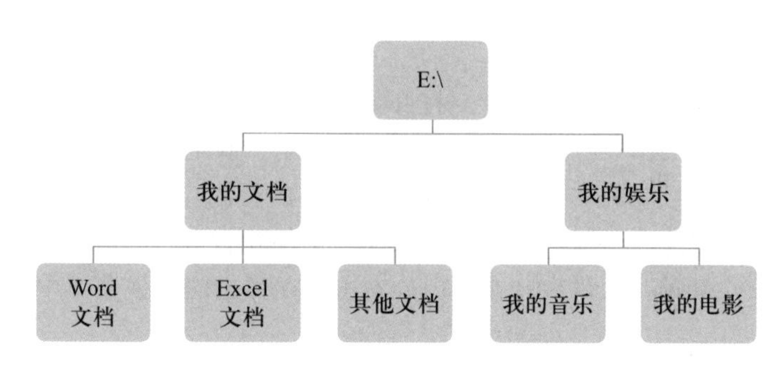

图 2-1　创建的文件夹结构

② 文件的创建、保存。在如图 2-1 所示的“其他文档”文件夹中创建文件“使用说明 .txt”。

③ 使用鼠标或菜单命令实现文件和文件夹的复制、删除和移动。

a. 将“我的音乐”文件夹复制到“我的文档”文件夹中；将“使用说明 .txt”复制到“我的电影”文件夹中。

b. 将“其他文档”文件夹移动到“Word 文档”文件夹中；将“我的电影”文件夹中的“使用说明 .txt”移动到“我的文档”文件夹中。

c. 将“Excel 文档”文件夹删除；将“其他文档”文件夹中的“使用说明 .txt”删除。

微课

文件或文件夹的基本操作

实训步骤与指导

1. 创建如图 2-1 所示的文件夹结构

① 打开“文件资源管理器”，双击 E 盘盘符，选择“文件”→“新建”→“文件夹”命令，新建一个名为“新建文件夹”的文件夹，更改“新建文件夹”文件名为“我的文档”。

② 重复步骤①操作，更改“新建文件夹”文件名为“我的娱乐”。

③ 打开“我的文档”文件夹，在空白处右击，在弹出的快捷菜单中选择“新建”→“文件夹”命令，生成一个名为“新建文件夹”的文件夹，更改“新建文件夹”文件名为“Word 文档”。

④ 重复步骤③操作，更改“新建文件夹”为“Excel 文档”。

⑤ 重复步骤③操作，更改“新建文件夹”为“其他文档”。

⑥ 双击“我的娱乐”文件夹，在空白处右击，在弹出的快捷菜单中选择“新建”→“文件夹”命令，生成一个名为“新建文件夹”的文件夹，更改“新建文件夹”为“我的音乐”。

⑦ 重复步骤⑥操作，更改“新建文件夹”为“我的电影”。

2. 文档的创建和保存

（1）创建文件

打开“文件资源管理器”，双击 E 盘盘符，打开“我的文档”→“其他文档”文件夹，在空白处右击，在弹出的快捷菜单中选择“新建”→“文本文档”命令，生成一个名为“新建文本文档”的文件，更改“新建文本文档”为“使用说明”。

（2）保存文档

双击新建的“使用说明 .txt”文件，打开 Windows 10 的记事本，输入文件内容，在窗口菜单栏中选择“文件”→“保存”命令。

3. 复制、移动、删除文件和文件夹

（1）复制

打开“文件资源管理器”，打开 E 盘，打开“我的娱乐”文件夹，选择“我的音乐”文件夹并右击，在弹出的快捷菜单中选择“复制”命令，双击“我的文档”文件夹，在空白处右击，在弹出的快捷菜单中选择“粘贴”命令，即完成文件夹的复制。

打开“其他文档”文件夹，选择“使用说明 .txt”文件并右击，在弹出的快捷菜单中选择“复制”命令，打开“我的电影”文件夹，在空白处右击，在弹出的快捷菜单中选择“粘贴”命令，即完成文件的复制。

（2）移动

打开“文件资源管理器”，打开 E 盘，打开“我的文档”文件夹，右击“其他文档”文件夹，在弹出的快捷菜单中选择“剪切”命令，打开“Word 文档”文件夹并右击，在弹出的快捷菜单中选择“粘贴”命令，即完成文件夹的移动。

打开“我的电影”文件夹，右击“使用说明 .txt”文件，在弹出的快捷菜单中选择“剪切”命令，打开“我的文档”文件夹，在空白处右击，在弹出的快捷菜单中选择“粘贴”命令，即完成文件的移动。

（3）删除

打开“文件资源管理器”，打开 E 盘，打开“我的文档”文件夹，右击“Excel 文档”文件夹，在弹出的快捷菜单中选择“删除”命令，在弹出的提示框中单击“是”按钮，即完成文件夹的删除。

打开“其他文档”文件夹，右击“使用说明 .txt”文件，在弹出的快捷菜单中选择“删除”命令，在弹出的提示框中单击“是”按钮，即完成文件的删除。

小技巧

快速复制文件或文件夹

文件或文件夹除了直接复制和发送以外，还有一种更为简单的复制方法，那就是在打开的文件夹窗口中选取要进行复制的文件或文件夹，然后在选中的文件中按住鼠标左键，并拖动鼠标指针到要粘贴的地方，目的地可以是磁盘、文件夹或者是桌面，然后释放鼠标，就可以把文件或文件夹复制到指定的地方了。

实训任务 2.4　管理用户账户

微课

用户账户的管理

实训目的

① 掌握添加用户账户的方法。

② 掌握更改账户类型的方法。

实训内容与要求

按照指定要求完成用户账户的设置。

① 创建新的用户账户。

② 将新建的标准用户，更改为管理员用户。

实训步骤与指导

① 打开“控制面板”窗口，单击“用户账户”，在打开的窗口中再次单击“用户账户”超链接，在打开的窗口中单击“管理其他账户”超链接，在打开的窗口中单击“在电脑设置中添加新用户”超链接，在打开的窗口中单击“我没有这个人的登录信息”，选择“添加一个没有 Microsoft 账户的用户”命令，输入一个新用户名和密码，单击“下一步”，即完成了新用户的创建。

② 打开“控制面板”窗口，单击“用户账户”超链接，在打开的窗口中单击“更改账户类型”超链接，选择并打开需要更改账户类型的某账户，选中“管理员”单选按钮，单击“更改账户类型”按钮，即完成更改账户类型的操作。

小技巧

解决遗忘 Windows 登录密码的问题

在使用电脑时，忘记开机登录密码是常有的事，而 Windows 10 系统的登录密码又是无法强行破解的，解决遗忘 Windows 登录密码问题的具体操作步骤如下：

① 打开一台可以上网的计算机，在浏览器地址栏中输入找回密码的网址，按 Enter 键，进入操作界面。单击“无法访问你的账户？”超链接，打开“为何无法登录？”界面，选中“我忘记密码”单选按钮。

② 单击“下一步”按钮，打开“恢复你的账户”界面，输入要恢复的 Microsoft 账户和所看到的字符。

③ 单击“下一步”按钮，打开“我们需要验证你的身份”界面，选中“短信至********81”单选按钮，并在下方的文本框中输入手机号码的后 4 位，单击“发送代码”按钮，打开“输入你的安全代码”界面，输入手机接收到的安全代码。

④ 单击“下一步”按钮，打开“重新设置密码”界面，输入新的密码。

⑤ 单击“下一步”按钮，打开“你的账户已恢复”界面，此时提示用户“你的账户已恢复”，可以使用新的信息登录了。

实训任务 2.5　查看和清理磁盘、整理磁盘碎片

实训目的

① 掌握查看和清理磁盘的方法。

② 掌握整理磁盘碎片。

微课

查看和清理磁盘、整理磁盘碎片

 实训内容与要求

按照指定要求完成用户账户的设置。

① 查看磁盘信息，清理磁盘中无用的文件。

② 整理磁盘的碎片。

 实训步骤与指导

① 双击打开桌面上“此电脑”图标，在打开窗口中右击要查看的磁盘，在弹出的快捷菜单中选择“属性”命令,在打开的对话框中选择“常规”选项卡,此时可以查看磁盘的“类型”“文件系统”“已用空间”“可用空间”及磁盘容量大小等信息。在“属性”对话框中单击“磁盘清理”按钮,打开“磁盘清理”对话框,在“要删除的文件”列表框中,选中要删除文件的复选框,单击“确定”按钮，单击“删除文件”按钮，开始清理磁盘。

② 打开“此电脑”窗口，右击要优化的磁盘，在弹出的快捷菜单中选择“属性”命令，在打开的对话框中选择“工具”选项卡，在“对驱动器进行优化和碎片整理”选项区域里，在打开的“优化驱动器”窗口中单击“优化”按钮，单击“删除自定义设置”按钮，打开“优化驱动器”窗口，在其中选择需优化的磁盘，单击“优化”按钮，开始优化，直至优化结束，完成优化。

小技巧

Windows 10 系统虚拟内存的设置

一般来说，内存小于等于 512 MB 的计算机，其虚拟内存设置成内存的 2 倍，大于 512 MB 的计算机设置成 1 倍或 1.5 倍。而现在流行的内存基本上都是大于 2 GB，虚拟内存设置成 1 GB 即可。而 Windows 10 系统正常使用最低也要 1 GB 内存，所以虚拟内存设置成 1 GB 即可。

拓展实训任务

 实训任务

文件和文件夹操作练习。

 实训内容

文件和文件夹操作练习。

 操作要求

① 在 E 盘根目录（E:\）下用个人的姓名和“计算机基础”命名建立两个一级文件夹，并在“计算机基础”下再建立两个二级文件夹“aaa”和“bbb”。

② 将磁盘 E 中的任意 .docx 和 .xlsx 文件复制到已建的“计算机基础”文件夹中。

③ 将磁盘 E 中的任意 .docx 文件复制到已建的学生姓名文件夹中并更名为“kt3.docx”。

项目 3

Word 2016 文字处理应用

项 目 目 标

本项目实训包括 6 个实训任务：

① 制作华为开发者大会 2020 通知。

② 制作海报。

③ 制作中国瞩目世界成就信息表。

④ 批量制作邀请函。

⑤ 制作爱护地球墙报。

⑥ 制作香水策划书。

本项目是计算机应用的重要内容，它所涉及的工作任务是实际工作中常见的。通过本项目的实训，使学生掌握文字处理软件的应用，熟练掌握使用 Word 进行文字编排、图文混排、表格制作等技能，具备处理日常文字工作的能力，以增强职业能力。同时为后续项目的学习打下基础。

 知识目标

① 了解 Word 2016 的工作界面，掌握 Word 2016 文档的创建、打开、保存方法，文本输入方法，以及文字与段落格式设置、页面设置的方法。

② 掌握在 Word 2016 中插入图片、艺术字、文本框、形状的方法和表格处理的一般方法。

③ 掌握常用的页面设置和文档打印的方法。

④ 理解 Word 2016 所提供的自动功能（自动更正、自动生成目录等）。

⑤ 了解长文档的排版、邮件合并功能的使用方法。

技能目标

① 能够熟练地创建、修饰文档。

② 能够较熟练地制作精美的图文混排文档。

③ 能够熟练地插入图形、图片、艺术字等页面元素。

④ 能够熟练地插入和编辑表格。

⑤ 能制作复杂的高级文档。

知 技 要 点

基本知识

微课 Word 2016 简介

1. Word 2016 窗口组成

Word 2016 窗口由标题栏、功能区、标尺、文本编辑区、滚动条和状态栏组成。它包含“文件”“开始”“插入”“设计”“布局”“引用”“邮件”“审阅”和“视图”9个选项卡，每个选项卡中包含多个组，每个组中有着丰富的常用操作命令按钮。

2. 制作一个文档的过程

制作一个 Word 2016 文档一般需要创建文档、录入文字、编辑文档、排版文档、保存文档和打印文档 6 个步骤。

3. Word 2016 的常用视图

Word 2016 提供了多种显示文档的方式，常用的有：页面视图、草稿视图、大纲视图、Web 版式视图和阅读视图 5 种视图方式。

4. 打开文档的方法

① 打开最近使用的文档：选择“文件”选项卡，选择“最近”命令，则在窗口右侧列表中可以看到最近使用过的文件，如要打开列表中的某个文件，只需单击该文件名。

② 打开以前的文档：选择“文件”选项卡，选择“打开”命令。

③ 以只读或副本方式打开：使用“文件”选项卡中的“打开”命令，选择要打开的文档，单击对话框右下角的“打开”下拉按钮，在弹出的下拉列表中选择“以只读方式打开”选项。

5. 文本的输入

① 当输入到行尾时，不要按 Enter 键，系统会自动换行输入；到段落结尾时，应按 Enter 键，表示段落结束。

② 在输入标题和段落首行时，行首不加空格，可利用段落格式化功能来自动实现标题居中和段落的首行缩进。

③ 输入法的切换（中文一般在全角中文标点状态下输入）：

- 单击输入法指示器，选择需要的输入法。
- 中英文转换：按 Ctrl+ 空格组合键。
- 各输入法之间的转换：按 Ctrl+Shift 组合键。

④ 特殊符号的插入。有些符号可以通过键盘输入，如顿号“、”，在汉字输入状态下按“\”键；又如省略号“……”，在汉字输入状态下按 Shift+6 组合键。

有的符号（如 ✍、🏱、☎ 等），可以通过插入符号的方法进行输入，步骤如下：将光标定位在需要插入符号的位置，选择“插入”选项卡；在“符号”组中单击“符号”按钮，在弹出的下拉列表中选择“其他符号”选项；弹出“符号”对话框，在“字体”下拉列表框中选择符号类型，如“Wingdings”，在列表框中选中要插入的符号，如 ☎，然后单击“插入”按钮。

6. 段落格式

在“段落”组中可以设置段落的多种格式，包括段落对齐、段落缩进、段落间距、行间距、段落编号和项目符号、段落边框、段落底纹等格式。其中段落对齐方式包括“左对齐”“居中”“右对齐”“两端对齐”和“分散对齐”，单击相应按钮可对选中的文本设置相应的对齐方式。

7. Word 中的文字环绕

插入到 Word 2016 文档中的图片、形状、文本框、艺术字等有时候存在位置移动的问题。通过设置环绕文字方式，可以自由改变位置。Word 2016 的文字环绕方式包括“顶端居左，四周型文字环绕”“顶端居中，四周型文字环绕”“顶端居右，四周型文字环绕”“中间居左，四周型文字环绕”“中间居中，四周型文字环绕”“中间居右，四周型文字环绕”“底端居左，四周型文字环绕”“底端居中，四周型文字环绕”和“底端居右，四周型文字环绕”9 种方式。

8. Word 中的图片样式

Word 2016 文档中的图片使用了图片样式功能，对图片的样式预设了几十种风格，使图片的表现更为出色。选定图片后直接单击目的样式，移动鼠标就可以预览不同样式的效果。利用右侧的“图片边框”可以对图片边框线做进一步处理。在“图片效果”中有“预设”“阴影”“映像”“发光”“三维旋转”等几十种图片效果。

9. Word 2016 中的样式

样式是指存储在 Word 之中的段落或字符的一组格式化命令，集合了字体、段落等相关格式。运用样式可快速为文本对象设置统一的格式，从而提高文档的排版效率。Word 2016 提供了多套预设样式集，每套样式集都设计了成套的样式，分别用于设置文章标题、副标题等文本的格式。在“开始”选项卡的“样式”组中单击“其他”按钮，在弹出的下拉列表中选择需要的样式选项，可以新建样式，如果预设的样式不能满足要求，只需略加修改即可。

10. Word 2016 中的邮件合并

邮件合并功能是指在主文档中批量引用数据源中的数据，生成具有相同格式的内容，并以指定方式进行输出的操作。完成它需要以下几个步骤：

① 创建主文档（即固定部分）：与普通文档创建方法一样。

② 创建数据源文件（即更改部分）：创建表格。

③ 邮件合并。

11. Word 中的首字下沉

Word 2016 文档中的首字下沉是一种段落修饰，是将段落中的第 1 个字设置成不同的字体、字号。该类格式在报纸、杂志中比较常用。

12. Word 中的页眉与页脚

Word 2016 文档中的页眉是每个页面页边距的顶部区域，通常显示书名、章节等信息。页脚是每个页面页边距的底部区域，通常显示文档的页码等信息。对页眉和页脚进行编辑，可起到美化文档的作用。

 基本技能

1. Word 2016 界面

（1）标尺的显示和隐藏

在“视图”选项卡的“显示”组中，选中（或取消选中）“标尺”前面的复选框。

（2）视图方式的切换

单击状态栏右端的视图按钮，或利用“视图”选项卡中“视图”组中的按钮实现。

2. Word 文档

微课
文档的新建保存

（1）创建新文档

用户每次启动 Word 2016 时，Word 2016 会自动打开一个空白文档，且文件名默认为“文档 1”，用户可以立即在此文档中输入文本。启动 Word 2016 后，如果用户想建立一个新文档或者其他类型的文档，常用的方法有以下两种：

① 选择“文件”选项卡，选择“新建”命令。

② 按 Ctrl+N 组合键。

（2）保存文档

① 保存未命名文档：选择“文件”选项卡，选择“保存”（或“另存为”）命令。

② 保存已命名文档：选择“文件”选项卡，选择“保存”命令。

③ 自动保存：选择“文件”选项卡，选择“选项”命令，打开“Word 选项”对话框，在左侧选择“保存”选项卡，在右侧选中“保存自动恢复信息时间间隔”复选框。

3. Word 文档编辑

微课
文本的选定和删除

（1）选定文本

① 选定一行：在该行左侧的文档选择区单击。

② 多行（段）：拖动鼠标进行选取。

③ 一段：在该段左侧的文档选择区双击。

④ 整个文档：按住 Ctrl 键后在文档选择区单击，或按 Ctrl+A 组合键。

⑤ 选定连续的多个字符：可以按住 Shift 键进行选取。

⑥ 选定一个矩形区域：可以按住 Alt 键进行选取。

（2）删除文本

① 字删除：按 Backspace 键删除光标左侧的字符，按 Delete 键删除光标右侧的字符。

② 字块删除：选取要删除的文本内容，即设置“字块”，按 Delete 键。

微课
文本的移动

（3）移动文本

① 鼠标方式：选取要移动的文本内容，按住鼠标左键并将文本拖曳到目标位置。

② 使用命令方式：选取要移动的文本内容，选择“开始”选项卡，在“剪贴板”组中单击“剪切”按钮，将光标移到目标位置，单击“粘贴”按钮。

微课
文本的复制

（4）复制文本

① 鼠标方式：选取要复制的文本内容，同时按住鼠标左键和 Ctrl 键，并将文本拖曳到目标位置。

② 使用命令方式：选取要复制的文本内容，选择“开始”选项卡，在“剪贴板”组中单击“复制”按钮，将光标移到目标位置，单击“粘贴”按钮。

（5）撤销与恢复

单击快速访问工具栏中的“撤销”与“恢复”按钮即可完成相应操作。

4. Word 文档排版

（1）设置字符格式

① 利用“开始”选项卡中的“字体”组。

选择要设置字符格式的文本，在“字体”组中的“字体”下拉列表框中选择一种合适的字体。在“字号”下拉列表框中选择一种合适的字号。如果要改变字形，则必须单击“字体”组中的“加粗”“倾斜”等按钮。

② 利用浮动工具栏。

③ 利用“字体”组的对话框启动器。选择要设置格式的文本，单击“字体”组的对话框启动器，打开“字体”对话框，在对话框中可对字符格式，包括字体、字号、字形、字体颜色、字符间距和字符的动态效果等进行设置。

④ 利用“格式刷”按钮复制字符格式。单击“格式刷”按钮，复制一次格式；双击“格式刷”按钮，复制格式可重复使用。

⑤ 清除字符格式。选择“开始”选项卡，在“字体”组中单击“清除所有格式”按钮。

（2）设置段落对齐方式

① 利用“段落”组中的相关按钮。

② 利用浮动工具栏。

③ 单击“段落”组的对话框启动器按钮，打开“段落”对话框，在“缩进和间距”选项卡中通过“对齐方式”下拉列表框进行设置。

微课

段落格式设置

（3）设置行距和段落间距

① 选定文本，打开“段落”对话框，在“行距”下拉列表框中选择一种行距，单击“确定”按钮，就可以改变文档的行距。

② 把光标定位在要设置格式的段落中，打开“段落”对话框，在“间距”选项卡中，单击“段前”“段后”数值框中的微调按钮进行设置，最后单击“确定”按钮。

微课

设置自动编号

（4）设置段落缩进

① 利用标尺设置左、右、首行及悬挂缩进。

② 使用“段落”对话框设置缩进。

③ 使用“段落”组中的“缩进”按钮设置缩进。

（5）添加项目符号和编号

选择“开始”选项卡，在“段落”组中单击“项目符号”按钮或“编号”按钮。

（6）更改项目符号和编号

选择“开始”选项卡，在“段落”组中单击“项目符号”或“编号”右侧的下拉按钮，在弹出的下拉列表中选择相应样式的项目符号和编号。

（7）添加边框和底纹

① 设置字符边框和底纹：选择“开始”选项卡，在“字体”组中单击“字符边框”或“字符底纹”按钮；或选择“开始”选项卡，在“段落”组中单击“边框”右侧的下拉按钮，在弹出的下拉列表中选择“边框和底纹”选项。

② 设置段落、页面边框底纹：选择“开始”选项卡，在“段落”组中单击“边框”下拉按钮，在弹出的选择“边框和底纹”选项。

5. 页面排版和打印文档

（1）设置纸张大小

选择“布局”选项卡，在“页面设置”组中单击“纸张大小”按钮。

（2）设置纸张方向

选择“布局”选项卡，在“页面设置”组中单击“纸张方向”按钮。

（3）设置页边距

选择“布局”选项卡，在“页面设置”组中单击“页边距”按钮，或单击对话框启动器打开“页面设置”对话框，选择“页边距”选项卡进行设置。

（4）指定页面字数或行数

选择“布局”选项卡，在“页面设置”组中单击对话框启动器，打开“页面设置”对话框，选择“文档网格”选项卡进行设置。

（5）设置版式布局

版式布局用于设置关于页眉与页脚、分节符、垂直对齐方式及行号的特殊版面选项。选择“布局”选项卡，在“页面设置”组中单击对话框启动器，打开“页面设置”对话框，选择“版式”选项卡进行设置。

（6）插入页眉、页脚

微课

设置页眉和页码

选择“插入”选项卡，在“页眉和页脚”组中单击“页眉”或“页脚”按钮。要修改页眉和页脚，可以直接在页眉和页脚处双击。

（7）插入页码

选择“插入”选项卡，在“页眉和页脚”组中单击“页码”按钮。

（8）插入分节符

选择“布局”选项卡，在“页面设置”组中单击“分隔符”按钮。

（9）设置分栏

微课

设置分栏

① 选择“布局”选项卡，在“页面设置”组中单击“栏”按钮。

② 单击“栏”下拉按钮，在弹出的下拉列表中选择“更多栏”选项，打开“栏”对话框，在对话框中进行设置。

（10）打印文档

选择“文件”选项卡，选择“打印”命令，单击“打印”按钮。

6. Word 表格

微课

表格的插入

（1）创建表格

① 规则表格的创建：选择“插入”选项卡，在“表格”组中单击“表格”按钮，拖动鼠标选择需要的行列生成表格；或选择“插入”选项卡，在“表格”组中选择“表格”下拉列表中的“插入表格”命令。

② 不规则表格的创建：选择“插入”选项卡，在“表格”组的“表格”下拉列表中选择“绘制表格”命令。

③ 将文本转换成表格：选中文本，选择“插入”选项卡，在“表格”组的“表格”下拉列表中，选择“文本转换成表格”命令。

（2）增加行、列和单元格

选择“表格工具－布局”选项卡，在“行和列”组中进行操作。

（3）删除表格或单元格

微课
表格的编辑

选择“表格工具 – 布局”选项卡，在“行和列”组中单击“删除”按钮。

（4）改变行高和列宽

选择“表格工具 – 布局”选项卡，在“表”组中单击“属性”按钮，或利用鼠标拖曳实现。

（5）合并单元格

选择“表格工具 – 布局”选项卡，在“合并”组中单击“合并单元格”按钮。

（6）拆分单元格

选择“表格工具 – 布局”选项卡，在“合并”组中单击“拆分单元格”按钮。

（7）设置表格文本的对齐

选择“表格工具 – 布局”选项卡，在“对齐方式”组中进行设置。

（8）添加边框和底纹

① 利用快捷菜单实现：选定表格并右击，选择“表格属性”命令，在打开的对话框中选择“表格”选项卡，单击“边框和底纹”按钮，打开“边框和底纹”对话框。

② 利用“边框”“底纹”按钮实现：选择“表格工具 – 设计”选项卡，在“边框”组中单击“边框”按钮；或选择“表格工具 – 设计”选项卡，在“表格样式”组中单击“底纹”按钮。

（9）自动套用表格样式

选择“表格工具 – 设计”选项卡，在“表格样式”下拉列表中选择适合的表格样式。

7. Word 图形

（1）插入联机图片

选择“插入”选项卡，在“插图”组中单击“图片”下拉按钮，在弹出的下拉列表中选择“联机图片”选项。

微课
图片的插入及设置

（2）插入形状

选择“插入”选项卡，在“插图”组中单击“形状”下拉按钮，在弹出的下拉列表框中选择一种形状，回到插入点，按住左键拖动鼠标，即可画出一个图形。

（3）在形状中添加文字

选定形状并右击，在弹出的快捷菜单中选择“添加文字”命令。

微课
形状的插入和编辑

（4）设置形状叠放次序

选定形状并右击，在弹出的快捷菜单中选择“置于顶层”或“置于底层”命令。

（5）插入图片

选择“插入”选项卡，在“插图”组中单击“图片”按钮。

（6）编辑图片

① 调整大小：选择“图片工具 – 图片格式”选项卡，在“大小”组中调整“高度”和“宽度”的值。

② 图片样式：选择“图片工具 – 图片格式”选项卡，在“图片样式”组中设置。

③ 设置图片的环绕文字：选择“图片工具 – 图片格式”选项卡，在“排列”组中单击“环绕文字”下拉按钮，在弹出的下拉列表中选择合适的环绕方式。

④ 裁剪图片：选择需要裁剪的图片，选择“图片工具 – 图片格式”选项卡，单击“大小”组中的“裁剪”按钮，将鼠标指针放在一个尺寸柄上，然后拖曳图片边界。

微课
艺术字的插入和编辑

（7）插入艺术字

选择“插入”选项卡，在“文本”组中单击“艺术字”按钮。

（8）编辑艺术字

选中艺术字，在“绘图工具 – 形状格式”选项卡中设置。

（9）插入文本框

选择“插入”选项卡，在“文本”组中单击“文本框”按钮。

微课
文本框的插入及设置

（10）编辑文本框

① 单击文本框，在“绘图工具 – 形状格式”选项卡的“文本”组中设置文字方向、文本样式。

② 右击文本框，在弹出的快捷菜单中选择“设置形状格式”命令，打开“设置形状格式”任务窗格，在其中进行设置。

微课
设置首字下沉、水印

（11）设置水印

选择“设计”选项卡，在“页面背景”组中单击“水印”按钮。

（12）设置首字下沉

选择“插入”选项卡，在“文本”组中单击“首字下沉”按钮。

8. Word 2016 的高级排版

（1）修改样式

选定要修改样式的段落或字符，在“开始”选项卡“样式”组中找到所需修改的样式并右击，在弹出的快捷菜单中选择“修改”命令，打开“修改”对话框进行相应的修改。

（2）编辑目录

① 制作目录：选择“引用”选项卡，在“目录”组中单击“目录”按钮。

② 更新目录：选择“引用”选项卡，在“目录”组中单击“更新目录”按钮，在弹出的“更新目录”对话框中选中“只更新页码”或“更新整个目录”单选选项。

（3）插入题注

① 定义标签：选择“引用”选项卡，在“题注”组中单击“插入题注”按钮，打开“题注”对话框，再单击“新建标签”按钮，输入标签的名称，单击“确定”按钮。

② 插入题注：返回到“题注”对话框，单击“标签”下拉按钮，在弹出的下拉列表框中选择刚刚定义好的标签名称，单击“确定”按钮。

微课
邮件合并

（4）插入批注

选择“审阅”选项卡，在“批注”组中单击“新建批注”按钮。

（5）邮件合并

选择“邮件”选项卡，在“开始邮件合并”组中单击“开始邮件合并”下拉按钮，在弹出的下拉列表中选择“邮件合并分步向导”选项。

实训任务 3.1 制作华为开发者大会 2020 通知

实训目的

① 掌握 Word 2016 中页面的设置与修改方法。

② 掌握 Word 2016 中字体的设置与修改方法。

③ 掌握 Word 2016 中段落的设置与修改方法。

④ 掌握 Word 2016 中边框和底纹的设置与修改方法。

⑤ 掌握 Word 2016 中编号及项目符号的设置与修改方法。

 实训内容与要求

按照以下要求完成“华为开发者大会 2020 通知”的制作。

① 新建空白文档，设置页面纸张为 A4，页边距：左 3 厘米；右 2.5 厘米；上、下各 2.5 厘米。

② 输入通知中的文本内容。标题为“华为开发者大会 2020”，字体为华文新魏，字号为三号，颜色为紫色。对齐方式为居中。段落行距为 1.5 倍行距，段前、段后间距均为 1 行。

③ 所有正文内容字体为宋体，字号为小四，段落间距为 1.5 倍行距。悬挂缩进 2 字符。

④ 将“大会介绍”“议题简介”“特邀嘉宾”“大会前瞻”文本加粗，并添加编号，设置它们的段前间距为 1 行，段后间距为 1 行。

⑤ 按效果图为相应的内容添加项目符号。

⑥ 将“时间：9 月 10 日 15：00–17：00 地点：东莞篮球中心”等文本，设置首行缩进 2 字符。并为“9 月 10 日 15：00–17：00 东莞篮球中心”加下画线。

⑦ 为标题“华为开发者大会 2020”所在的段落添加边框样式 ———————，粗细为 3 磅，颜色为“蓝色，个性色 1，深色 25%”，应用于段落。添加底纹为“蓝色，个性色 5，淡色 80%”。

⑧ 实训结果如图 3–1 所示。

 实训步骤与指导

① 单击“开始”按钮，选择“Word 2016”命令，即可启动 Word 2016 程序，选择空白文档，生成一个空白文档，将其保存在桌面上，文件名为“华为开发者大会 2020 通知”。

② 选择“布局”选项卡，单击“页面设置”组的对话框启动器，打开“页面设置”对话框，在其中按要求进行设置，如图 3–2 所示。按系统默认的格式输入通知的内容，注意编号和项目符号不用添加。

③ 选择“开始”选项卡，单击“字体”组中的相应按钮，按要求设置各部分文本的字体、字号和颜色。

> **小技巧**
>
> 将鼠标指针移动到文档编辑区左侧的文档选择区，当鼠标指针变成 ↗ 形状时，单击可选择指针对应的整行文本，双击可选择整段文本，三击可选择所有文本。

④ 选中要设置格式的段落，选择“开始”选项卡，单击“段落”组的对话框启动器（或右击，在弹出的快捷菜单中选择“段落”命令），打开“段落”对话框，按要求设置各部分文本的对齐方式、首行缩进、悬挂缩进、行距、段落间距等。当要求行距为具体的磅值时，需要在“行距”下拉列表框中选择“固定值”选项。

⑤ 选中“大会介绍”“议题简介”“特邀嘉宾”“大会前瞻”文本，选择“开始”选项卡，利用“字体”组中的“加粗”按钮设置字体加粗，单击“段落”组的“编号”按钮添加编号。

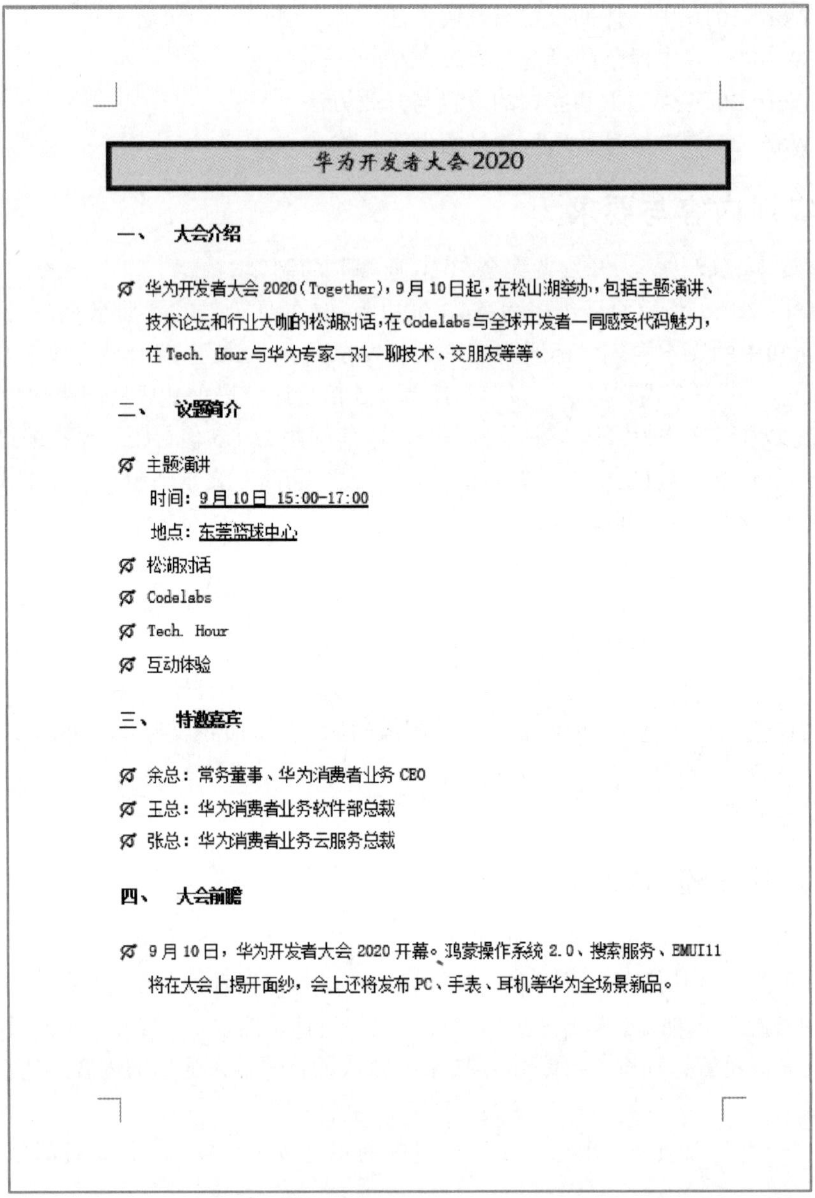

华为开发者大会2020

一、 大会介绍

- 华为开发者大会 2020(Together),9月10日起,在松山湖举办,包括主题演讲、技术论坛和行业大咖的松湖对话,在Codelabs与全球开发者一同感受代码魅力,在Tech. Hour与华为专家一对一聊技术、交朋友等等。

二、 议题简介

- 主题演讲
  时间:9月10日 15:00-17:00
  地点:东莞篮球中心
- 松湖对话
- Codelabs
- Tech. Hour
- 互动体验

三、 特邀嘉宾

- 余总:常务董事、华为消费者业务 CEO
- 王总:华为消费者业务软件部总裁
- 张总:华为消费者业务云服务总裁

四、 大会前瞻

- 9月10日,华为开发者大会 2020 开幕。鸿蒙操作系统 2.0、搜索服务、EMUI11 将在大会上揭开面纱,会上还将发布 PC、手表、耳机等华为全场景新品。

图 3-1 “华为开发者大会 2020”通知效果图

⑥ 选择“开始”选项卡，单击“段落”组中的“项目符号”下拉按钮，按效果图为相应的内容添加项目符号。

小技巧

在“段落”组中单击“项目符号”下拉按钮,在弹出的下拉列表中选择“定义新项目符号”选项，可打开“定义新项目符号”对话框，单击“符号”或“图片”按钮，可在打开的对话框中选择符号或图片作为新项目符号。

在含有项目符号的段落中按 Enter 键切换到下一段时，会在下一段自动添加相同样式的项目符号，此时若直接按 Backspace 键或再次按 Enter 键，即可取消自动添加的项目符号。

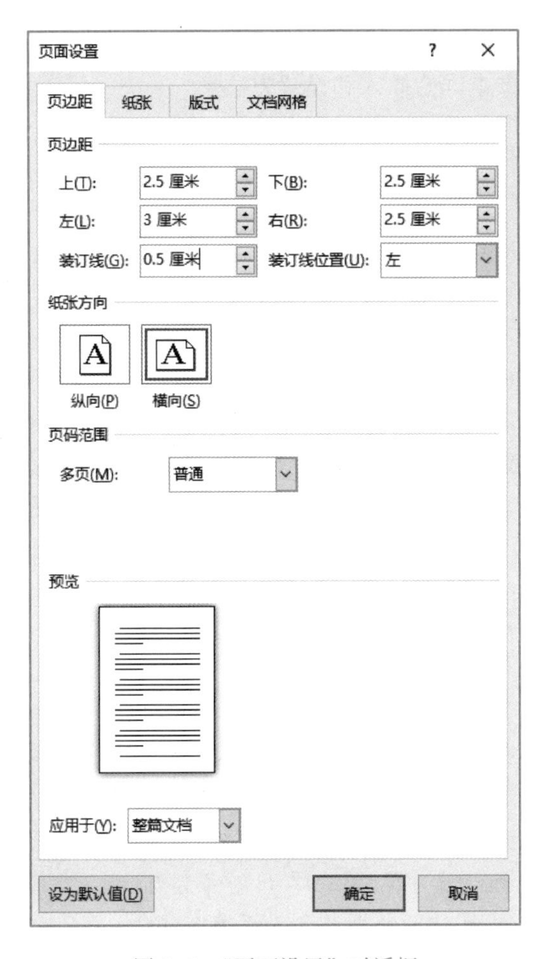

图 3-2　“页面设置”对话框

⑦ 选择“开始”选项卡，利用“字体”组中的“下画线”按钮为“9 月 10 日 15：00–17：00 东莞篮球中心”加下画线。

⑧ 选中标题“华为开发者大会 2020”所在的段落，选择“开始”选项卡，单击“段落”组中的“边框”下拉按钮，在弹出的下拉列表中选择“边框和底纹”命令，为其添加边框底纹。设置完毕后，保存文档。

小技巧

为了美化文字效果，还可以单击“字体”对话框中的“文字效果”按钮打开“设置文本效果格式”对话框，在其中进行创意设置。

实训任务 3.2　制作海报

实训目的

① 掌握 Word 2016 中艺术字的插入和设置方法。

② 掌握 Word 2016 中图片的插入和设置方法。

③ 掌握 Word 2016 中文本框的插入和设置方法。

④ 掌握 Word 2016 中形状的插入和设置方法。

实训内容与要求

按照以下要求完成海报的制作（形状、图片、文本框、艺术字的格式也可以自主设置）。

① 设置页面纸张为 A4，左、右、上、下页边距均为 0 厘米。

② 设置页面颜色为填充效果中的图片，选择素材中的背景图片。

③ 插入矩形形状，设置“环绕文字”为“衬于文字下方”，置于底层，大小为高 29.7 厘米，宽 21 厘米，和文档上下左右对齐。设置形状轮廓为无轮廓，形状填充为渐变填充，在“设置形状格式”任务窗格中设置类型为“线性”，角度为“90°”，渐变光圈有 3 个色块，设置第 1 个色块：颜色为蓝色，位置为 0%，透明度为 30%；第 2 个色块：颜色为蓝色，位置为 50%，透明度为 60%；第 3 个色块：颜色为蓝色，位置为 100%，透明度为 80%。

④ 插入图片，选择素材中的图片 1，设置“环绕文字”为“衬于文字下方”，设置图片样式为“柔化边缘椭圆”，图片效果为柔化边缘 50 磅，调整大小为高 10 厘米，宽度 25.58 厘米。调整位置到页面的底部。

⑤ 插入一条直线，设置“环绕文字”为“浮于文字上方”，形状轮廓为颜色 RGB 值（81，91，160），粗细为 4.5 磅。“形状效果”为“阴影”→“外部”-“右下斜偏移”。复制一个副本，调整位置效果如图 3-3 所示。

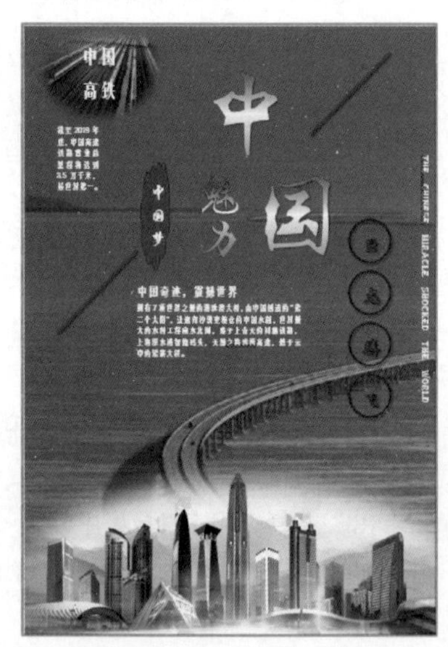

图 3-3　海报效果图

⑥ 插入圆形，设置“环绕文字”为“浮于文字上方”。设置大小为高 2 厘米，宽 2 厘米，“形状填充”为无填充颜色，“形状轮廓”为深红，粗细为 2.25 磅，设置“形状效果”为“棱台”→“角度”。圆形中添加文字“巨”，设置字体为华文新魏，字号为一号，颜色为深红，文本框选项设置为中部对齐，上下左右边距均为 0 厘米。复制 3 个圆形，把文字分别改为“龙”“腾”“飞”，选中 4 个圆形调整它们左对齐及纵向分布。

⑦ 插入基本形状“云形”，设置“环绕文字”为“浮于文字上方”，大小为高 5.3 厘米，宽 1.5 厘米，“形状填充”为深红，“形状轮廓”为无轮廓。添加文字“中国梦”，设置字体为华文行楷，字号为二号，加粗，颜色为白色。

⑧ 插入艺术字“中”，设置“环绕文字”为“浮于文字上方”，设置艺术字样式为“填充：黑色，文本 1，阴影”；字体为汉仪星宇体简，字号为 120 磅。设置艺术字填充为渐变填充，渐变类型为“线性”，角度为“90°”。渐变光圈有 3 个色块，设置第 1 个色块：颜色 RGB 值为（206，28，185），位置为 15%；第 2 个色块：白色，位置为 50%；第 3 个色块：颜色为浅蓝，位置为 90%。复制艺术字，更改文字为“国”；再复制艺术字，更改文字为“魅力”，设置“魅力”艺术字的文字方向为垂直，字号为 60 磅；调整这些艺术字的位置。

⑨ 插入文本框 1，更改文本框形状为“泪滴形”，设置“环绕文字”为“浮于文字上方”，“形状填充”为图片（素材中的图片 2），“形状轮廓”为无轮廓。设置“形状效果”为“柔化边缘 2.5

磅”，输入文本内容“中国高铁”，设置其字体为方正姚体，字号为一号，字体颜色为白色，加粗。对齐方式为居中，放在页面的左上角。

⑩ 插入文本框 2，设置“环绕文字”为“浮于文字上方”，“形状填充”为无填充颜色，“形状轮廓”为无轮廓。按图 3–3 输入文本内容，设置其字体为方正姚体，字号为五号，字体颜色为白色，加粗。调整位置到文本框 1 的下方。

⑪ 插入文本框 3，设置“环绕文字”为“浮于文字上方”，“形状填充”为无填充颜色，“形状轮廓”为无轮廓。按图 3–3 输入文本内容，选中文字“中国奇迹，震撼世界”，设置字体为方正姚体，字号为三号，字体颜色为白色，加粗。其余文本字体设置为方正姚体，字号为五号，字体颜色为白色，加粗。调整位置到艺术字的下方。

⑫ 插入竖排文本框 4，设置“环绕文字”为“浮于文字上方”，“形状填充”为无填充颜色，“形状轮廓”为无轮廓。按图 3–3 输入文本内容，设置字体为 Algerian，字号为小四，字体颜色为白色。对齐方式为居中，调整位置到页面右边界的中间。

⑬ 实训结果如图 3–3 所示。

实训步骤与指导

① 新建空白文档，将其保存在桌面上，文件名为“海报”。

② 利用“页面设置”对话框设置页面纸张为 A4，左、右、上、下页边距均为 0 厘米。

③ 选择“插入”选项卡，在“插图”组中单击“形状”下拉按钮，插入图 3–3 中的矩形，并利用“绘图工具 – 格式”选项卡中的按钮进行相应编辑，在“设置形状格式”任务窗格中设置渐变类型为“线性”，角度为“90°”，渐变光圈有 3 个色块，第 1 个色块：颜色为蓝色，位置为 0%，透明度为 30%；第 2 个色块：颜色为蓝色，位置为 50%，透明度为 60%；第 3 个色块：颜色为蓝色，位置为 100%，透明度为 80%，达到添加蒙版的效果，如图 3–4 所示。

④ 选择“插入”选项卡，在“插图”组中单击“图片”按钮，插入图片 1 并利用“图片工具 – 图片格式”选项卡中的按钮进行相应编辑。设置图片样式为“柔化边缘椭圆”，图片效果为“柔化边缘 50 磅”，如图 3–5 所示。

小技巧

选择图片后，将鼠标移动到图片上方的旋转控制柄上，按住鼠标左键同时拖动鼠标即可旋转图片；若按住 Shift 键，则拖动图片时每次旋转的角度都为 15°。

⑤ 选择“插入”选项卡，在“文本”组中单击“文本框”下拉按钮，插入图 3–3 中左上部的文本框 1 和文本框 2、中部的文本框 3、右中部的竖排文本框 4，并利用“绘图工具 – 格式”选项卡中的按钮进行相应编辑。

小技巧

插入的形状或文本框可以组合，选中要组合的形状，选择“绘图工具 – 格式”选项卡，在“排列”组中单击“组合”按钮，即可将所选对象组合在一起，以便进行移动操作。如果要组合的对象中含有图片，需要将它设置为非“嵌入式”的环绕方式，才能对其进行组合操作。

⑥ 选择“插入”选项卡，在“文本”组中单击“艺术字”下拉按钮，插入图 3–3 中的艺术字“中”“国”和艺术字“魅力”，并利用“绘图工具 – 图片格式”选项卡中的按钮进行相应编辑。设置

图 3-4 “设置形状格式”任务窗格

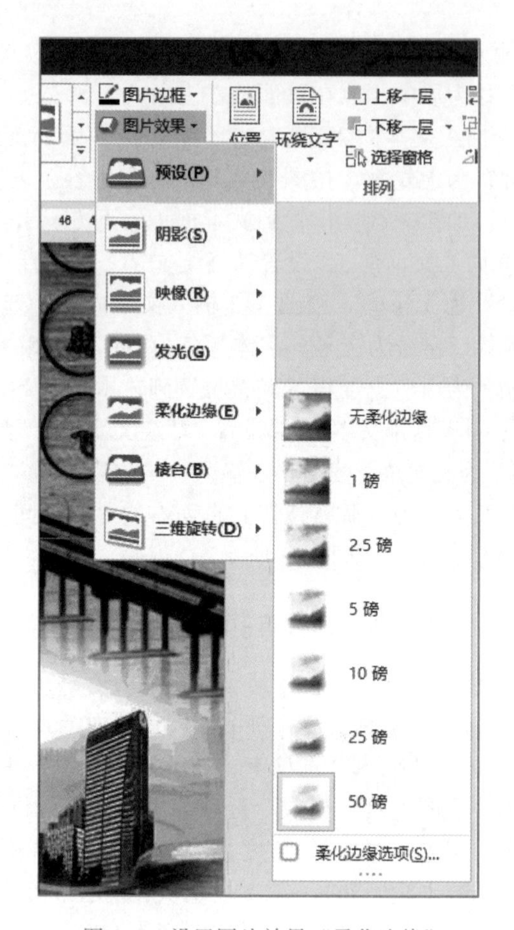

图 3-5 设置图片效果“柔化边缘”

完毕后，保存文档。

实训任务 3.3 制作中国瞩目世界成就信息表

实训目的

① 掌握 Word 2016 中规则表格的插入和设置方法。
② 掌握 Word 2016 中不规则表格的插入和设置方法。
③ 掌握 Word 2016 中表格的美化方法。

实训内容与要求

按照以下指定要求制作表格（其中文本、艺术字、表格的格式也可以自主设置）。

① 文档共有两页，添加页眉“巨龙腾飞”，设置其字体为方正舒体，字号为小五，右对齐。在文字后面插入“龙”图片，设置其文字环绕为“嵌入式”，大小为高度 0.6 厘米。

② 在第 1 页上输入表格标题“中国十大著名桥梁”，设置其字体为华文行楷，字号为小三，对齐方式为居中。

③ 插入 11 行 4 列的规则表格，输入表格中的文字内容，设置其字体为宋体，字号为小四。

④ 调整表格的行高为 1.5 厘米，列宽为 3.8 厘米。

⑤ 应用表格样式为“网格表 4- 着色 5”。其中第 1 行和第 1 列中的文字加粗。设置所有文本的对齐方式都是水平居中。

⑥ 在第 2 页开始处插入艺术字“让世界瞩目的成就”，设置艺术字样式为“渐变填充 - 蓝色，着色 1，反射”，字体为华文行楷，字号为一号。

⑦ 用绘制表格命令绘制不规则表格。输入文字内容，设置第 1 行文本字体为华文行楷，字号为小三，字体颜色为红色，加粗，水平居中对齐；设置第 1 列有关领域的文本字体为宋体，字号为小四，字体颜色为黑色，加粗，中部两端对齐；设置其余文本字体为宋体，字号为小四，中部两端对齐。

⑧ 在“表格工具 - 表设计”选项卡中，利用“边框”组绘制如图 3-6 所示的表格边框线，外边框为深蓝色，粗细为 1.5 磅；内边框为“蓝色，个性色 1，淡色 60%”，粗细为 0.75 磅；第 1 行的内侧边框线为橙色，双实线，粗细为 0.75 磅。

⑨ 第 1 行单元格底纹为填充白色，图案中样式为 15%，颜色为“蓝色”。

⑩ 实训结果如图 3-6 所示。

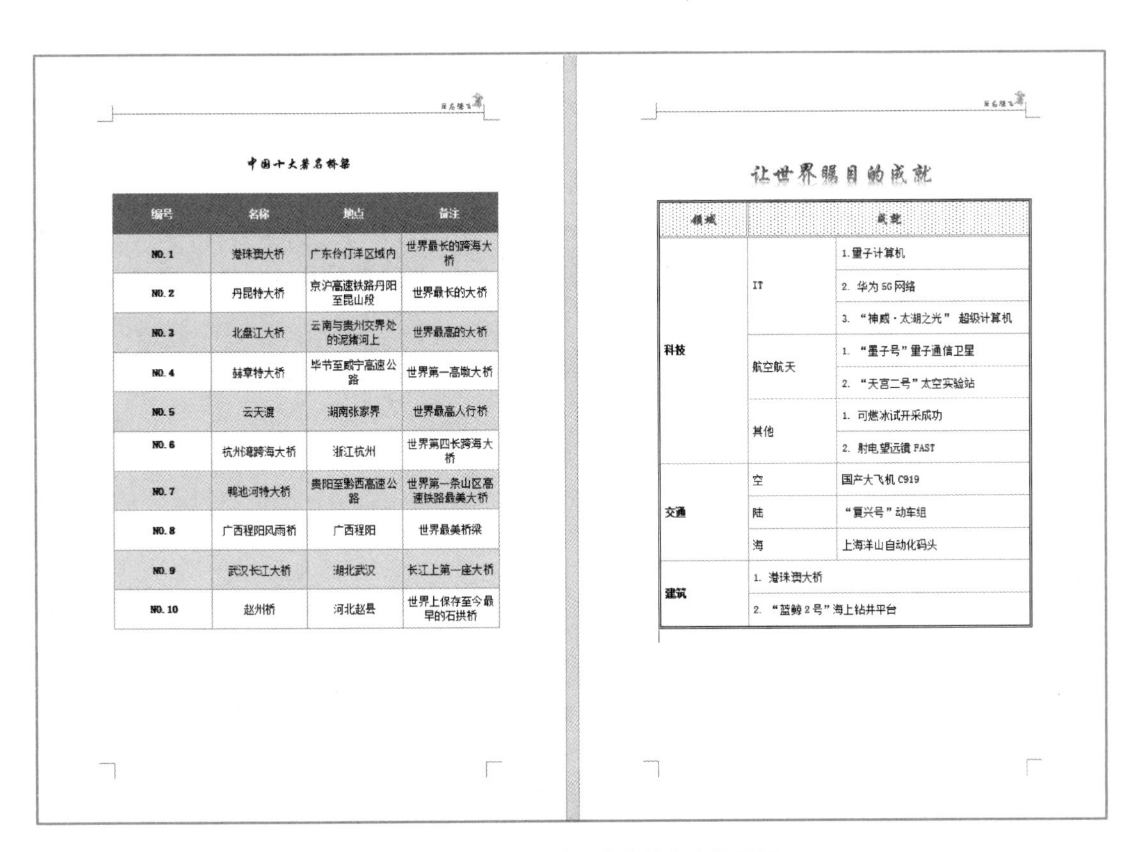

中国十大著名桥梁

编号	名称	地点	备注
NO. 1	港珠澳大桥	广东伶仃洋区域内	世界最长的跨海大桥
NO. 2	丹昆特大桥	京沪高速铁路丹阳至昆山段	世界最长的大桥
NO. 3	北盘江大桥	云南与贵州交界处的泥猪河上	世界最高的大桥
NO. 4	赫章特大桥	毕节至威宁高速公路	世界第一高墩大桥
NO. 5	云天渡	湖南张家界	世界最高人行桥
NO. 6	杭州湾跨海大桥	浙江杭州	世界第四长跨海大桥
NO. 7	鸭池河特大桥	贵阳至黔西高速公路	世界第一条山区高速铁路最美大桥
NO. 8	广西程阳风雨桥	广西程阳	世界最美桥梁
NO. 9	武汉长江大桥	湖北武汉	长江上第一座大桥
NO. 10	赵州桥	河北赵县	世界上保存至今最早的石拱桥

让世界瞩目的成就

领域	成就	
科技	IT	1. 量子计算机
		2. 华为 5G 网络
		3. “神威·太湖之光” 超级计算机
	航空航天	1. “墨子号”量子通信卫星
		2. “天宫二号”太空实验站
	其他	1. 可燃冰试开采成功
		2. 射电望远镜 FAST
交通	空	国产大飞机 C919
	陆	“复兴号”动车组
	海	上海洋山自动化码头
建筑	1. 港珠澳大桥	
	2. “蓝鲸 2 号”海上钻井平台	

图 3-6 中国瞩目世界成就信息表效果图

实训步骤与指导

① 新建空白文档，将其保存在桌面上，文件名为“中国瞩目世界成就信息”。

② 按 Ctrl+Enter 组合键，或选择“插入”选项卡，在“页面”组中单击“空白页”按钮，选择“插入”选项卡，在“页眉和页脚”组中的“页眉”下拉列表中选择“编辑页眉”选项，或双击页眉位置，进入页眉编辑状态，按要求添加页眉并进行相应设置。

> **小技巧**
>
> 直接双击页眉 / 页脚处，可插入空白样式的页眉 / 页脚，并进入页眉 / 页脚编辑状态。在文档编辑区双击，可退出页眉 / 页脚编辑状态。

③ 在第 1 页输入表格标题“中国十大著名桥梁”，并按要求进行字体、字号、对齐方式的设置。

④ 选择“插入”选项卡，在“表格”组中单击“表格”下拉按钮，在弹出的下拉列表中选择“插入表格”命令，在打开的“插入表格”对话框中设置行列数，插入 11 行 4 列的规则表格，并输入表格中的文字内容。

⑤ 选中整个表格，选择“表格工具 – 布局”选项卡，在“单元格大小”组中的“高度”数值框中调整单元格所在行的行高，在“宽度”数值框中调整单元格所在列的列宽，如图 3–7 所示。也可以右击表格，在弹出的快捷菜单中选择“表格属性”命令，打开“表格属性”对话框，在其中进行设置。

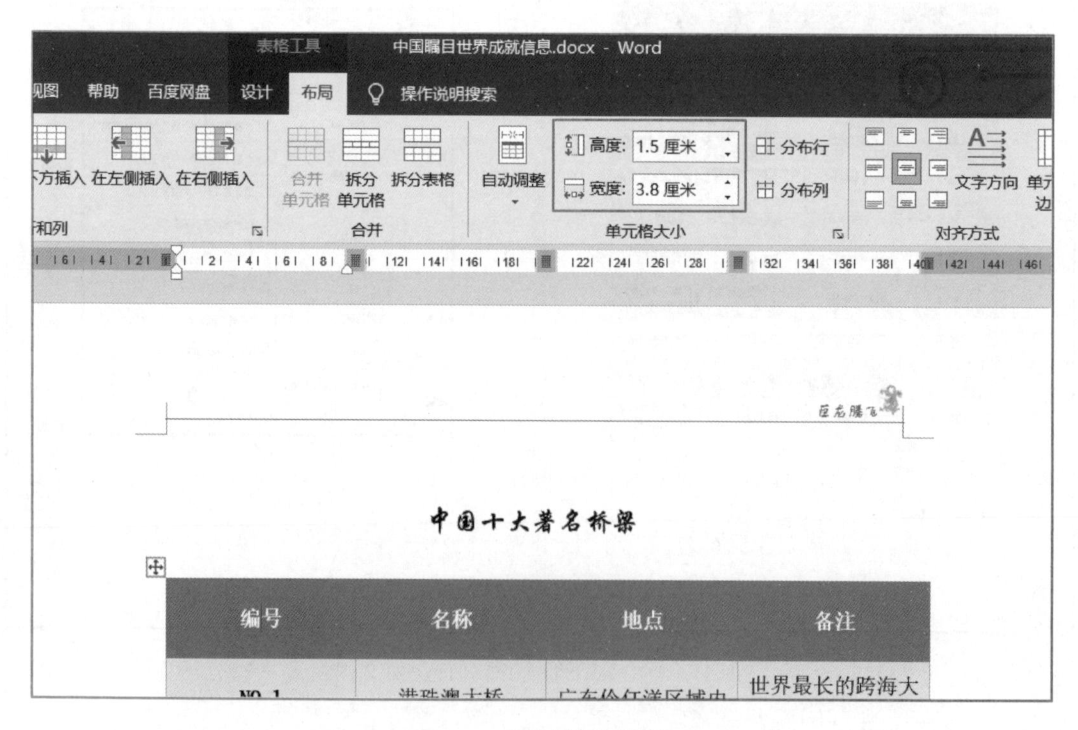

图 3–7 设置行高和列宽

小技巧

在“单元格大小”组中，若单击“分布行”按钮（“分步列”按钮），表格中所有行（列）的行高（列宽）将自动进行平均分布。

⑥ 选中表格，利用“表格工具 – 设计”选项卡中的“表格样式”组应用表格样式，如图 3–8 所示。

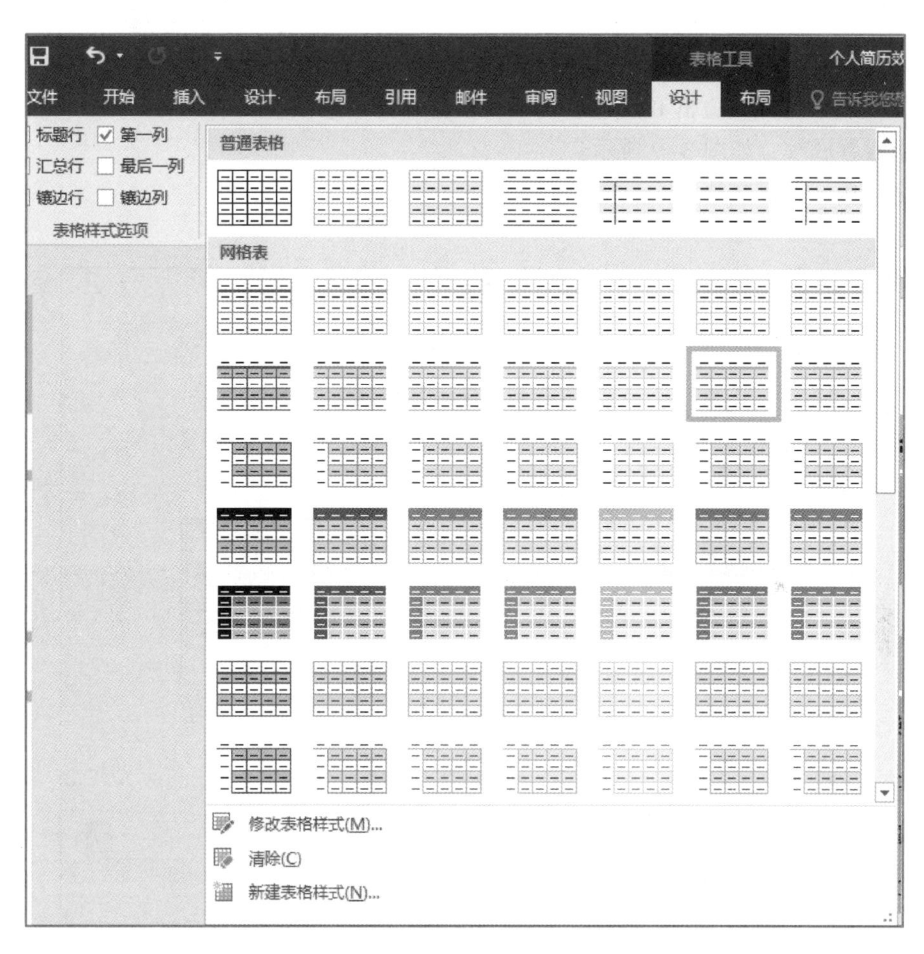

图 3–8　应用表格样式

⑦ 在第 2 页开始处按要求插入艺术字“让世界瞩目的成就”。

⑧ 选择“插入”选项卡，在“表格”组中单击“表格”下拉按钮，在弹出的下拉列表中选择“绘制表格”选项，绘制不规则表格。选中需要设置文本对齐方式的单元格，切换到“表格工具 – 布局”选项卡，然后单击“对齐方式”组的某个按钮可实现相应的对齐方式。

⑨ 单击“边框刷”按钮，依次选择操作要求中的“笔样式、笔画粗细、笔颜色”绘制如图 3–6 所示的表格外边框线和各种形式的内边框线。

小技巧

在“表格工具 – 表设计”选项卡的“边框”组中，单击“边框样式”下拉按钮，可以选择系统提供的主题边框样式，还可以选择“边框取样器”吸取已有的边框样式应用到需要设置边框的新表格中。

完成表格绘制后，如需将绘制的表格线清除，可选择“布局”选项卡，在“绘图”组中单击“橡皮擦”按钮，进入擦除状态，然后将鼠标指针移动到要擦除的表格线上，单击将其擦除。再次单击“擦除”按钮，即可退出擦除状态。

⑩ 选中第 1 行单元格，选择“表格工具 – 表设计”选项卡，单击“边框”下拉按钮，在弹出的下拉列表中选择“边框和底纹”选项，在打开的“边框和底纹”对话框的“底纹”选项卡中按要求设置底纹，如图 3–9 所示。

设置完毕后，保存文档。

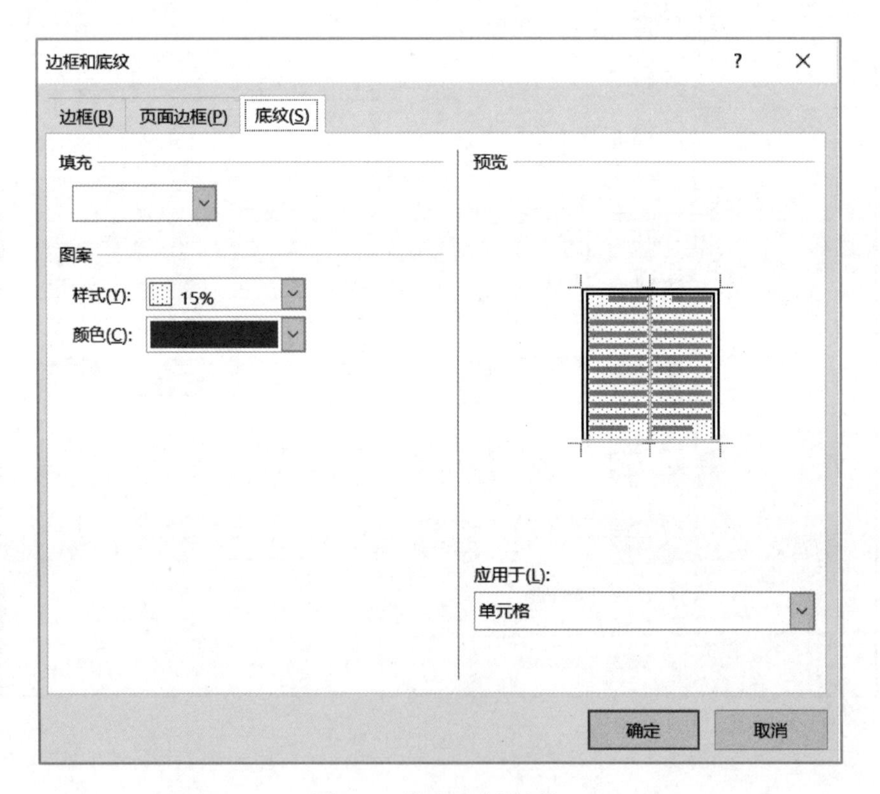

图 3–9 设置单元格底纹

实训任务 3.4 批量制作邀请函

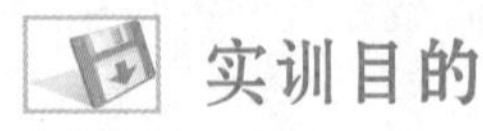

实训目的

① 掌握运用图文混排制作邮件合并主文档的方法。

② 掌握制作邮件合并数据源文档的方法。

③ 掌握 Word 2016 中的邮件合并功能。

 实训内容与要求

按照以下要求批量制作别具特色的邀请函（形状、图片、文本框、艺术字的格式也可以自主设置）。

① 设置页面纸张大小宽度为 20 厘米，高度为 10 厘米；纸张方向为纵向；左、右、上、下的页边距均为 0 厘米。生成两页。

② 在第 1 页右下角插入图片 1，设置图片的环绕文字为“浮于文字上方”，删除背景，适当调整大小。

③ 在第 1 页上插入图片 2，设置图片的环绕文字为“浮于文字上方”，裁剪出鹿的图案，用设置透明色去掉白色背景，适当调整大小。复制两个副本，一个放在第 1 页上偏右，一个放在第 2 页左上角，调整它们的大小。

④ 在页眉中插入艺术字“邀”，设置其环绕文字为“浮于文字上方”，艺术字样式为“填充 - 黑色，文本 1，阴影”；字体为方正舒体，字号为 72 磅，文本填充为深红，旋转角度，调整位置在页面的右上角。

⑤ 在第 1 页中间插入一条垂线，设置其形状样式为“粗线 - 强调颜色 3”。

⑥ 在第 1 页右侧插入艺术字“邀”，设置其环绕文字为“浮于文字上方”，艺术字样式为“填充 - 黑色，文本 1，阴影”；字体为华文行楷，字号为 96 磅，文本填充颜色 RGB 值为（126，39，32）。复制艺术字，更改文字为“请函”，将其字号更改为 72 磅，更改文字方向为垂直。选中艺术字“邀”，设置其形状填充为图片 3。

⑦ 插入图片 4，设置其环绕文字为“衬于文字下方”，改变大小，裁剪，删除背景，保留红色边框的形状，插入竖排文本框，设置其环绕文字为“浮于文字上方”，“形状填充”为无填充颜色，“形状轮廓”为无轮廓。输入文本内容“诚邀您的光临”，设置其字体为华文行楷，字号为 36 磅，字体颜色为 RGB 值（126，39，32），对齐方式为居中。调整位置到图片 4 的上方。

⑧ 在第 2 页插入图片 5，设置其环绕文字为“衬于文字下方”，改变大小，设置透明色删除背景，重新着色为“橙色，个性色 2 浅色”，作为第 2 页的边框。

⑨ 插入文本框，按图 3-10 输入内容，设置文本字体为方正姚体，字号为小四，首行缩进 2 字符，字体颜色为 RGB 值（126，39，32）。设置文本框形状填充为无填充颜色，“形状轮廓”为无轮廓。再插入文本框，设置文本框形状填充无填充颜色，“形状轮廓”为无轮廓。输入图 3-10 第 2 页下部的内容，设置文本字体为方正姚体，字号为小四，首行缩进 2 字符，字体颜色为 RGB 值（126，39，32），加粗。

姓名	性别
吴腾飞	男
李艳	女
霍冰	女
李凯	男
黄凤超	男
杨光	男
冯雅晴	女

图 3-10　实训任务 3.4 表格

⑩ 插入图片 6，设置其环绕文字为“浮于文字上方”，调整大小并适当旋转，调整位置放在第 2 页的左下角。

⑪ 主文档设置完毕，保存文档。

⑫ 新建 Excel 工作簿，保存到桌面上，文件命名为“参会人员信息表”。在 Sheet1 工作表中创建如图 3-10 所示的表格。

⑬ 打开“邀请函主文档”，用邮件合并功能进行合并，批量制作出邀请函。

⑭ 邀请函结果如图 3-11 所示。

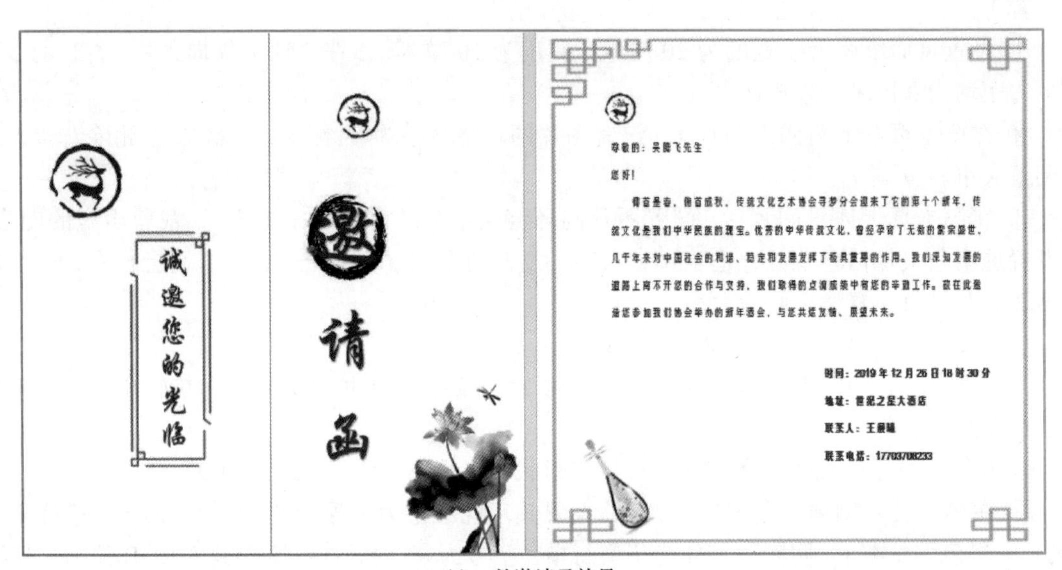

(a) 一份邀请函效果

(b) 多份邀请函效果图

图 3-11　邀请函效果图

 实训步骤与指导

① 新建空白文档，将其保存在桌面上，文件名为“年会邀请函主文档”。

② 文档包含两页。在第 1 页插入图 3–11（a）右下角的图片。设置透明色的方法：选择“图片工具 – 格式”选项卡，在“调整”组中单击“颜色”下拉按钮，在弹出的下拉列表中选择“设置透明色”选项，在需要设置透明的区域单击。先设置图片的环绕文字方式，再移动图片到页面右下角的位置。

③ 插入第 2 页中的边框图片，置于底层，设置透明色，调整大小，选中边框图片，在“图片工具 – 图片格式”选项卡“调整”组中单击“颜色”下拉按钮，在弹出的下拉列表中选择“重新着色”→“橙色，个性色 6 浅色”，如图 3–12 所示。

④ 按照要求插入文本框并设置。

⑤ 按照要求插入艺术字。为了实现效果图中的效果，可以先插入并调整好艺术字“邀”，然后对其进行复制，只需改变文字为“请函”，这样既保证了两个艺术字格式的统一，又使得位置调整起来容易。

⑥ 新建 Excel 工作簿，保存到桌面上，将文件命名为“参会人员信息表 .xslx”。在 Sheet1 工作表中创建参会人员信息的表格。

⑦ 打开“年会邀请函主文档”，选择“邮件”选项卡，在“开始邮件合并”组中单击“开始邮件合并”按钮，在弹出的下拉列表中选择“邮件合并分步向导”选项，如图 3–13 所示。用邮件合并功能进行合并，批量制作出邀请函。

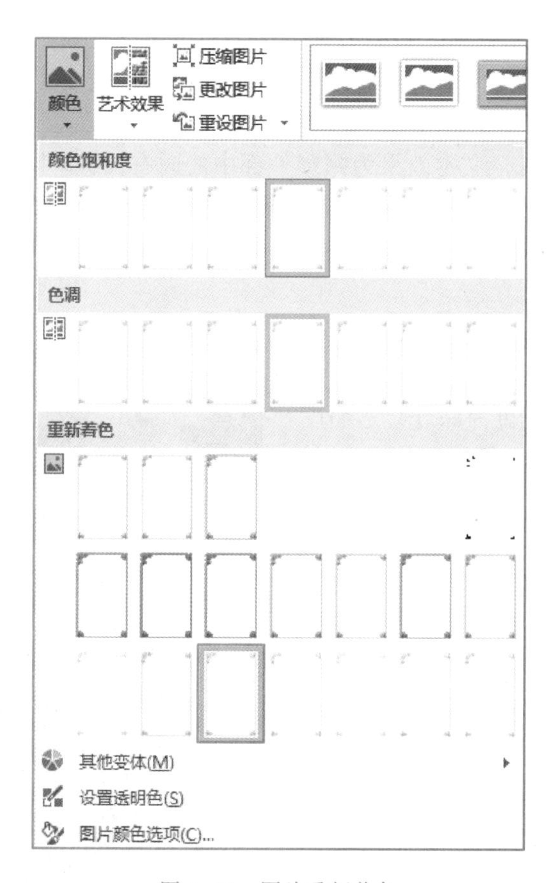

图 3–12　图片重新着色

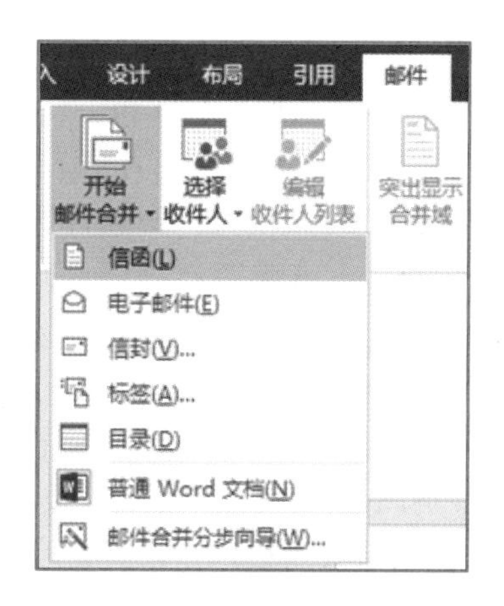

图 3–13　选择“邮件合并分步向导”

实训任务 3.5 制作爱护地球墙报

实训目的

① 掌握 Word 2016 中艺术字的编辑方法。

② 掌握 Word 2016 中形状的编辑方法。

③ 掌握 Word 2016 中联机图片的插入编辑方法。

④ 掌握 Word 2016 中首字下沉设置方法。

⑤ 掌握 Word 2016 的分栏的方法。

⑥ 掌握 Word 2016 的拼音指南设置方法。

实训内容与要求

按照以下指定要求完成图文并茂的爱护地球墙报的制作（形状、图片、文本框、艺术字的格式也可以自主设置）。

① 新建 Word 文档，设置页面的上、下、左、右页边距均为 1 厘米，纸张方向为纵向，纸张大小为高 36 厘米，宽 21 厘米。页面颜色为用图片 1 填充。

② 插入圆形，调整大小为高 8 厘米，宽 8 厘米，设置其环绕文字为“衬于文字下方”，形状效果为“发光变体:蓝色，18 磅，发光，个性色 1”，形状填充为图片 2，放到页面的右上角。

③ 插入艺术字“低碳生活，健康你我！”，艺术字样式为“填充 - 灰色 -50%，着色 3，锋利棱台”，设置字号为二号，文本填充为深红，文本效果为阴影外部中的向右偏移，阴影颜色 RGB 值为（11，112，13），透明度为 0%，角度为 45°，距离为 6 磅；转换为：跟随路径中的“圆”，注意每两个相邻的字之间加一个空格。复制刚刚设置好的艺术字，旋转复制的艺术字“垂直翻转”，把两个艺术字放在圆形的上方。

④ 光标定位在圆形的下方，按图 3-14 输入文本，设置“节约点滴，生命之源”字体为方正姚体，字号为二号，颜色为白色，文本效果为阴影外部中的向右偏移，阴影颜色为深红，透明度为 0%，角度为 45°，距离为 6 磅。设置其余文本字体为方正姚体，字号为四号，颜色为白色，加粗，文本左缩进 15 字符，对齐方式为右对齐，设置“水”字的首字下沉效果，下沉 2 行。

⑤ 插入图片 3，裁剪、删除背景并调整大小，设置环绕文字为紧密型环绕，并编辑环绕顶点调整环绕的效果，放在上一步输入的文字之间。

⑥ 光标定位在“职”字的后面，按两次 Enter 键，选中下面的段落，把段落左缩进调整为 0 字符，对齐方式调整为左对齐，按图 3-14 输入文本，设置“垃圾分类，健康你我”和“节约点滴，生命之源”的格式一样，并设置拼音指南效果，对齐方式为右对齐。设置其余文本字体为方正姚体，字号为四号，颜色为白色，加粗，首行缩进 2 字符，并把这些文字分成 3 栏。

图 3-14 爱护地球墙报效果图

⑦ 插入 SmartArt 图形：使用 SmartArt 图形中“图片”类的“气泡图片列表”类型，更改颜色为“彩色范围 – 个性色 3 至 4”，SmartArt 样式为“强烈效果”，各个圆形用图 3–14 中的图片填充，在第 2~ 第 5 个圆形旁的文本框中分别输入“垃”“圾”“分”“类”，字体为华文行楷，字号为 20 磅，颜色和图片的颜色一致，设置其环绕文字为穿越型环绕，并编辑环绕顶点调整环绕的效果，放在 3 栏文字之间。

⑧ 插入基本形状：闪电形，编辑顶点使它变成比较随意的形状，设置其环绕文字为“衬于文字下方”。插入爱护地球的联机图片，通过编辑调整剪切到剪贴板中，然后选中闪电形用剪贴板图片填充，设置闪电形形状效果为“柔化边缘 25 磅”。

⑨ 插入艺术字“爱”，艺术字样式为“填充 – 灰色 –50%，着色 3，锋利棱台”，设置字体为华文行楷，字号为 72 磅，文本填充为深红。选中艺术字“爱”，复制 3 个副本，分别把文字改为“护”“地”“球”，放在闪电形的上方。

⑩ 保存文档，实训结果如图 3–14 所示。

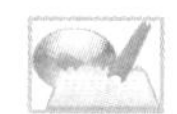

实训步骤与指导

① 新建空白文档，将其保存在桌面上，文件名为“爱护地球”。

② 输入第 1 段文本，设置左缩进：选中文本后右击，在弹出的快捷菜单中选择“段落”命令，打开“段落”对话框，在“左侧”数值框中输入 15 即可，如图 3–15 所示。

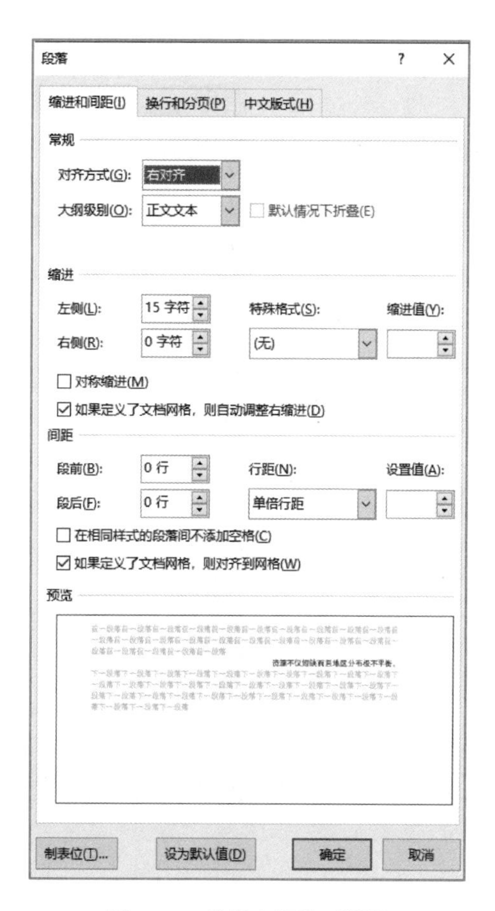

图 3–15　设置左缩进对话框

③ 将光标插入点定位到第 2 段文本段落中，选择“插入”选项卡，在“文本”组中单击“首字下沉”按钮，在弹出的下拉列表中选择“首字下沉”选项，打开“首字下沉”对话框，选择“下沉”选项，为文本设置首字下沉 2 行，如图 3–16 所示。

> **小技巧**
>
> 在“插入”选项卡的“文本”组中单击“首字下沉”按钮，在弹出的下拉列表中选择“悬挂”选项，可为首字设置悬挂效果，整个段落的文本都为悬挂缩进，且首字悬挂在整个段落旁。

④ 输入第 2 部分文本内容，为了实现文档排版的特殊效果，可进行分栏排版。选中要设置分栏的文本内容，选择“布局”选项卡，在“页面设置”组中单击“分栏”下拉按钮，在弹出的下拉列表中选择分栏方式为“三栏”，如图 3–17 所示。

⑤ 切换到插入选项卡，在“插图”组中单击“SmartArt”按钮，打开“选择 SmartArt 图形”对话框，在左侧的分类中选择“图片”类型，在中间的类型区域中选择“气泡图片列表”，然后根据要求编辑。

⑥ 插入基本形状：闪电形，右击，在弹出的快捷菜单中选择“编辑顶点”命令，可以对形状进行随意的调整，可添加顶点或删除顶点，或把直线变为曲线、曲线变为直线，如图 3-18 所示。

⑦ 为了实现效果图中的效果，可以先插入并调整好艺术字“爱”，然后对其进行复制，只需改变文字为“护”，这样既保证了两个艺术字格式的统一，又使得位置调整起来容易。

小技巧

在“开始”选项卡字体组中，可以用相应的按钮为文字加拼音，或带圈字符，利用“段落”组中的“中文版式”命令按钮可以设置文字的“纵横混排”“合并字符”“双行合一”等效果。

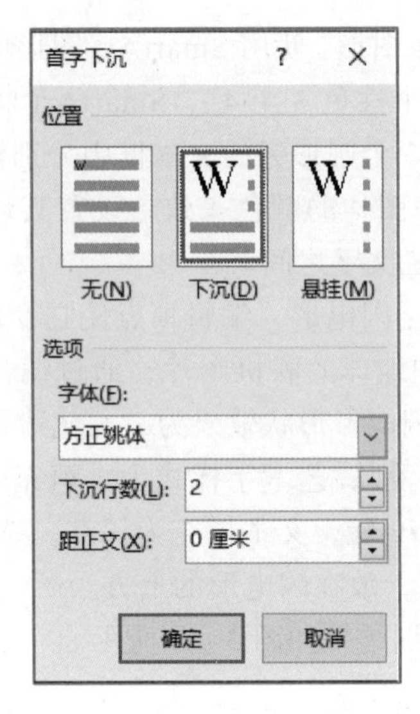

图 3-16　设置首字下沉

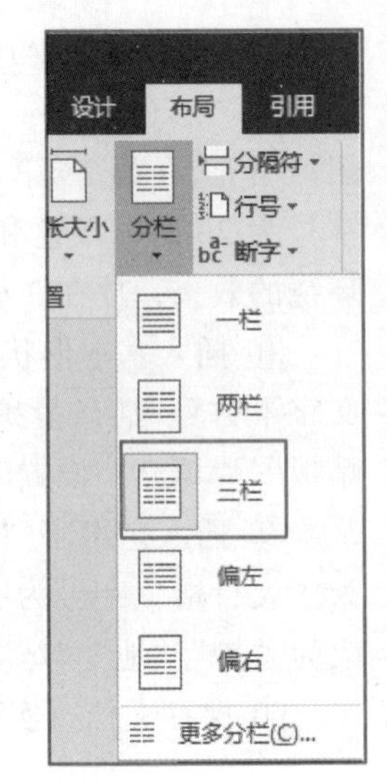

图 3-17　设置分栏

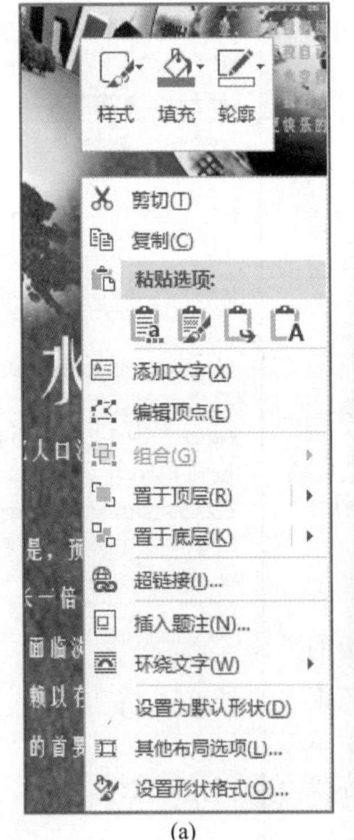

(a)

(b)

图 3-18　编辑顶点

实训任务 3.6　制作香水策划书

实训目的

① 掌握 Word 2016 中样式的设置方法。

② 掌握 Word 2016 中复杂页面的页眉与页脚的设置方法。

③ 掌握 Word 2016 中分节的方法。

④ 掌握 Word 2016 中目录的自动生成和更新。

⑤ 掌握 Word 2016 文档的预览和打印。

实训内容与要求

按照以下要求完成图文并茂的产品策划书的制作（形状、图片、文本框、艺术字的格式也可以自主设置）。

① 设计封面页，插入素材中的图片，设置其环绕文字为“衬于文字下方”，大小为高 18 厘米，宽 13 厘米。在图片下方插入艺术字“美，更是一种内涵”，艺术字样式为“填充：黑色，文本色 1，阴影”，字体为华文行楷，字号为小初，文本轮廓为无轮廓；文本填充为“红、蓝、黄、绿、橙、紫、浅绿多色线性渐变”，类型为线性，角度为 45°。插入直线形状，形状样式为“中等线 - 深色 1”。插入文本框，输入“海浪香水策划书”并设置为宋体，四号，加粗，文本框形状填充为无填充颜色，文本框形状轮廓为无轮廓。

② 在文档中录入策划书内容，设置所有文本字体为宋体，字号为四号，首行缩进 2 字符，行距为固定值 20 磅。

③ 光标定位在“前言”之前，插入分隔符进行分节。

④ 光标定位在“一 、市场概况及竞争状况”之前，插入分隔符进行分节。

⑤ 光标定位在“前言”所在段落，设置其样式为标题 1，并修改样式为居中，注意选中自动更新。

⑥ 用同样方法设置“摘要”“结束语”样式为“标题 1”

⑦ 设置“一、二、三、四、五、”所在的标题行段落样式为“标题 2”。

⑧ 光标定位在“前言”之前，输入“目录”，并把光标移到“前”字之前，插入分隔符进行分节，并设置“目录”样式为“标题 1”。

⑨ 光标定位在目录所在的页，插入页眉，注意取消“链接到前一条页眉”，添加页眉：图片和文字“海浪香水开发公司”，文本右对齐，图片是嵌入式，大小为高 1.5 厘米，宽 1.75 厘米；删除背景。设置文字“海浪香水开发公司”字体为华文行楷，字号为小五。插入页码：位置“页边距：圆（右侧）”，更改圆为心形，设置形状样式为“中等效果 - 金色，强调颜色 4”。

⑩ 添加图片水印。取消选中“冲蚀”复选框。

⑪ 光标定位在“目录”的下一行行首，自动生成目录。

⑫ 设置页码格式，把目录页页码设为起始页码，数值设为 1，更新目录。

⑬ 实训结果如图 3-19 所示。

(a) 封面

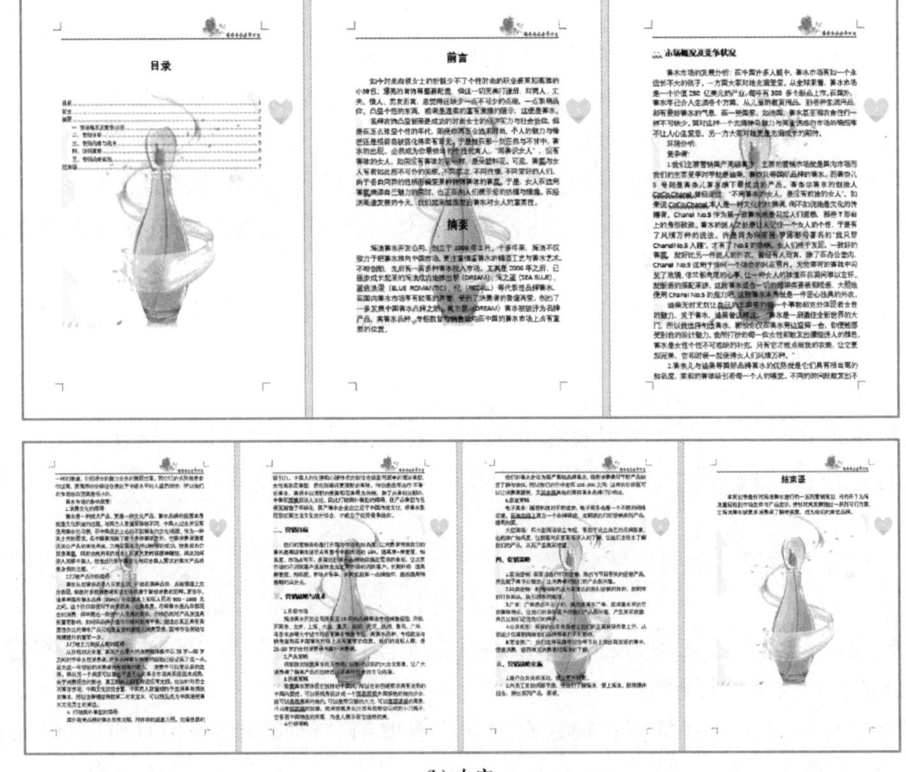

(b) 内容

图 3-19 “海浪香水开发公司策划书”效果图

实训步骤与指导

① 新建空白文档，将其保存在桌面上，文件名为“香水策划书”。

② 先在文档开始处插入一个分页符，留出封面。设计封面页，按要求插入素材中的图片。

③ 在图片下方插入艺术字、直线形状及文本框。

💡 小技巧

封面位于文档的首页，封面的质量直接影响读者对文档的印象，在制作文档时可通过添加封面表现文档的主题。选择“插入”选项卡，在“页面”组中单击“封面”按钮，在弹出的下拉列表中选择需要的封面，若下拉列表中没有需要的封面选项，可选择“Office.com 中的其他封面”选项，选择网络中的封面进行添加。在添加封面之后，若想取消封面，可选择“删除当前封面”命令。

④ 在文档中输入策划书内容，按操作要求对正文格式进行设置。

⑤ 选择“布局”选项卡，在“页面设置”组中单击“分隔符”按钮，在弹出的下拉列表中选择“下一页”选项，如图 3-20 所示，对文档进行分节。

⑥ 选择“开始”选项卡，在“样式”组中单击“其他”按钮，对文档设置相应的标题样式，并进行相应的修改。

💡 小技巧

在样式库中，将鼠标指针指向需要的样式时，可在文档中预览应用后的效果。在“样式”窗格中，带¶a或a符号的样式为内置样式，内置样式无法删除。

⑦ 将光标定位在目录所在页，双击页眉和页脚位置，进入页眉和页脚编辑状态，插入页眉，注意取消“链接到前一条页眉”，插入页码时注意位置的选择。

⑧ 在“设计”选项卡的“页面背景”组中单击“水印”按钮，在弹出的下拉列表中选择“自定义水印”命令，打开“水印”对话框，添加图片水印，并取消选中“冲蚀”复选框，如图 3-21 所示。

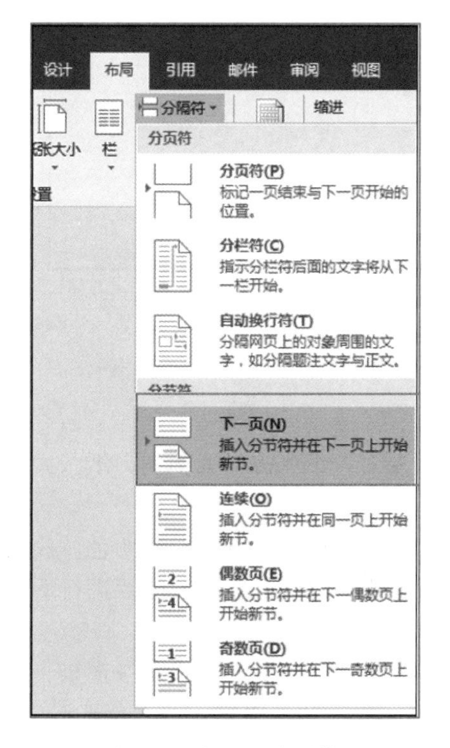

图 3-20 插入“分隔符”

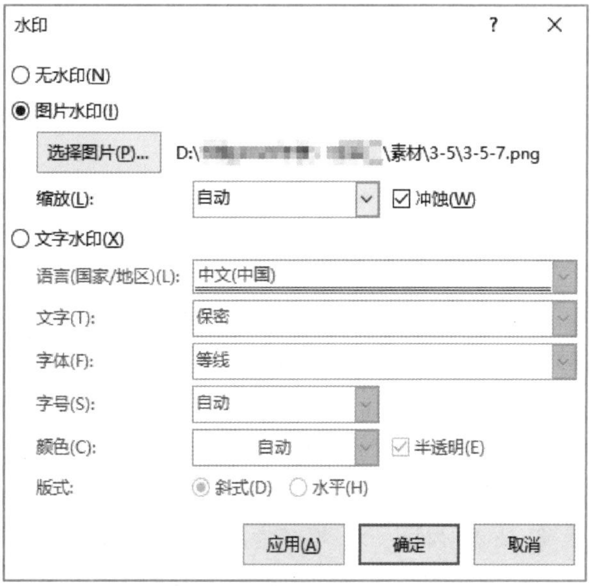

水印 ? ×
无水印(N)
图片水印(I)
选择图片(P)... D:\ \素材\3-5\3-5-7.png
缩放(L): 自动 冲蚀(W)
文字水印(X)
语言(国家/地区)(L): 中文(中国)
文字(T): 保密
字体(F): 等线
字号(S): 自动
颜色(C): 自动 半透明(E)
版式: 斜式(D) 水平(H)
应用(A) 确定 取消

图 3-21 “水印”对话框

⑨ 将光标定位在“目录”的下一行行首，选择“引用”选项卡，单击“目录”下拉按钮，在弹出的下拉列表中选择“插入目录”选项，打开“目录”对话框，自动生成目录。

> **小技巧**
>
> 对文档应用样式后才能自动提取并创建目录，自动创建目录利用了 Word 中的“域”功能。在创建目录后，目录可能显示为“{TOC\o"1-2"\u}”，该段字符是目录的域代码，按 Shift+F9 组合键，即可将目录的显示方式切换为文本形式。

⑩ 选择“文件”选项卡，选择“打印”命令，进行打印预览和打印设置。

⑪ 设置完毕后，保存文档。

拓展实训任务

拓展实训任务 3.1

实训内容

制作如图 3-22 所示的个人名片。

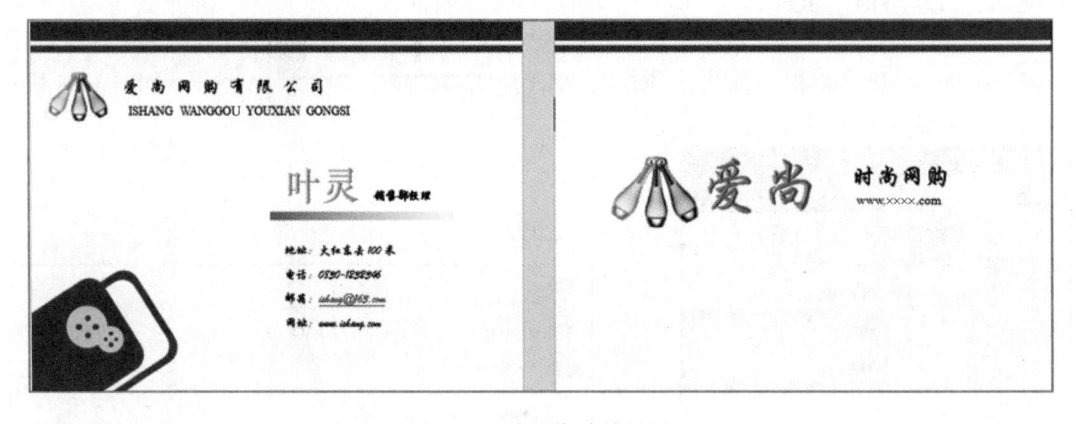

图 3-22 个人名片效果图

操作要求

① 新建 Word 文档，设置页面的上下左右页边距均为 0 厘米，纸张方向为横向，纸张大小为宽度 7.5 厘米，高度 5.5 厘米。生成两页。

② 在第 1 页中插入图片 1，裁剪成如图 3-22 所示中的效果，将背景设置成透明色。放到页面的左上角，设置其文字环绕为“浮于文字上方”。复制图片 1 两次，复制的图片进行适当的旋转，改变颜色如效果图效果，把 3 张图片组合在一起。

③ 插入形状矩形，填充为深红，轮廓为无轮廓，形状大小为长 7.5 厘米，宽 0.3 厘米，设置其环绕文字为“衬于文字下方”。复制上面的矩形，形状大小为长 7.5 厘米，宽 0.1 厘米，放到页面的上边界。可以把两个矩形组合在一起，复制组合后的矩形，粘贴到第 2 页的顶端。

第 1 页中的左下角和中间的图形，左下角使用圆角矩形和椭圆制作而成，中部图形使用矩形，填充色是灰色到白色的由左到右的射线渐变。

④ 插入文本框并输入文本“爱尚网购有限公司”，设置字体为华文行楷，字号为六号，文本颜色为黑色；设置段落对齐方式为分散对齐；设置文本框填充为无填充颜色，文本框轮廓为无轮廓；设置环绕文字为浮于文字上方；放在组合矩形的下方。插入文本框输入文本“ISHANG WANGGOU YOUXIAN GONGSI”，字体为 Times New Roman，字号为八号，文本颜色为黑色；文本框填充为无填充颜色，文本框轮廓为无轮廓；设置环绕文字为“浮于文字上方”；放在文字“爱尚网购有限公司”的下方。

⑤ 插入文本框并输入文本“销售部经理”，设置字体为华文行楷，字号为八号，加粗，文本颜色为黑色；文本框填充为无填充颜色，文本框轮廓为无轮廓；设置环绕文字为“浮于文字上方”。

⑥ 插入文本框并输入文本“地址：火红东去 100 米；电话：0830–1232346；邮箱：ishang@163.com 网址：www.××××.com”，设置字体为华文行楷，字号为八号，文本颜色为黑色。文本框填充为无填充颜色，文本框轮廓为无轮廓；设置环绕文字为“浮于文字上方”。段落行距为固定值 10 磅。

⑦ 插入艺术字“叶灵”，设置其字体为华文中宋，字号为三号。艺术字样式为“填充 – 金色，着色 4，软棱台”。

⑧ 在第 2 页中插入艺术字“爱尚”，设置其字体为华文行楷，字号为一号。艺术字样式为“填充 – 灰色 –50%，着色 3，锋利棱台”。

⑨ 插入文本框并输入文本“时尚网购”，设置其字体为华文行楷，字号为五号，文本颜色为黑色。文本框填充为无填充颜色，文本框轮廓为无轮廓。设置其环绕文字为“浮于文字上方”。放在艺术字后面。插入文本框并输入文本“www.××××.com”，设置其字体为 Bell MT，字号为七号，文本颜色为黑色。文本框填充为无填充颜色，文本框轮廓为无轮廓。设置其环绕文字为“浮于文字上方”。放在“时尚网购”的下面。

⑩ 保存文档。

拓展实训任务 3.2

实训内容

制作如图 3–23 所示的墙报。

操作要求

① 新建 Word 文档，设置页面的上下左右页边距均为 0 厘米，纸张方向为横向，纸张大小为 A4。

② 插入图片 1，裁剪并调整大小为高 21 厘米，宽 9.5 厘米。放到页面的中间位置，设置其环绕文字为“衬于文字下方”，置于底层，图片样式为“矩形投影”。

③ 插入形状云形，填充为无填充颜色，轮廓为渐变，有 3 个色块，颜色分别是色块 1（RGB：241，186，41），色块 2（RGB：40，16，11），色块 3（RGB：94，40，29），轮廓粗细为 2.25 磅，形状大小为长 2 厘米、宽 2 厘米，环绕文字为“浮于文字上方”。设置形状效果为“半映像，

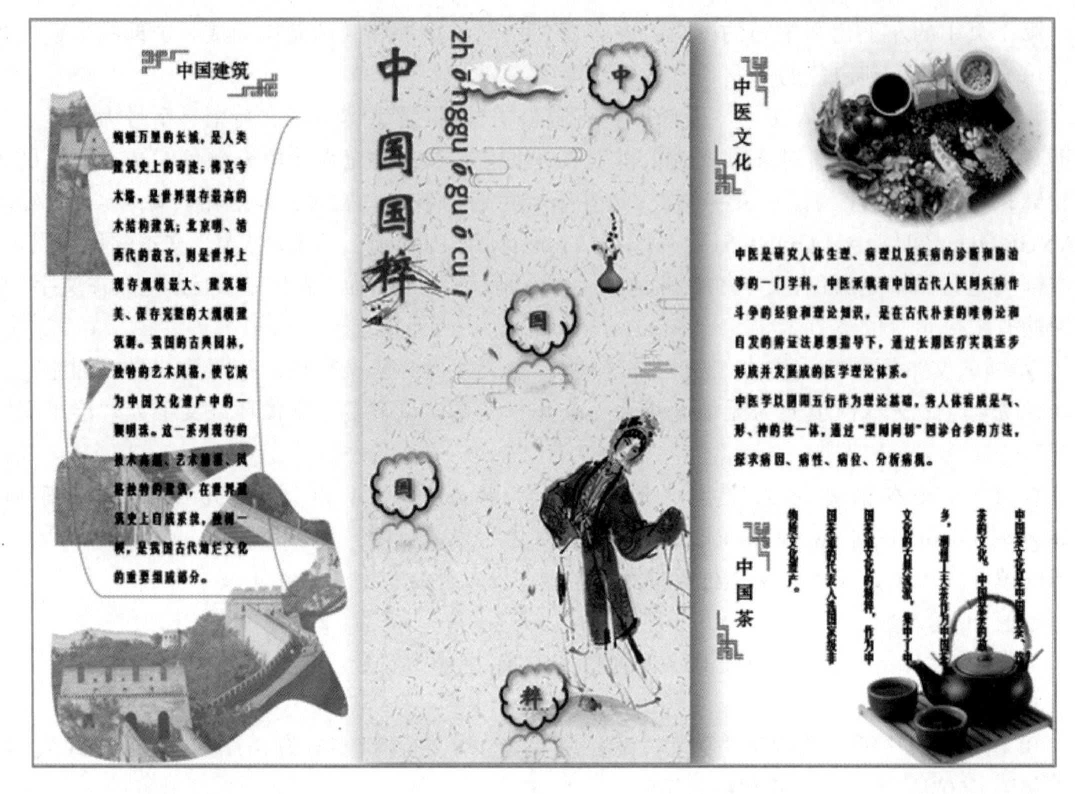

图 3-23 墙报效果图

接触”。添加文字“中”，设置其字体为华文新魏，字号为二号，颜色为深红。复制 3 个云形，把文字分别改为“国”“国”“粹”，放在图片 1 上方合适的位置。

④ 插入艺术字“中国国粹”，设置其艺术字样式为“填充 - 黑色，文本 1，阴影”，设置字体为华文新魏，字号为 48 磅，文本填充为深红，文字方向为垂直，并为文字加拼音指南效果，效果如图 3-23 所示。

⑤ 插入图片 2，裁剪并调整大小为高 1.5 厘米、宽 4.5 厘米，设置透明色，放到页面的左上角位置，设置环绕文字为“衬于文字下方”。插入文本框，输入文本“中国建筑”，设置字体为华文中宋，字号为小三，放在图片 2 的上方，把文本框和图片 2 组合在一起。复制组合后的图形 2 次，放在图片 1 的右侧，把形状向右旋转 90°，文字方向为“将所有字符向右旋转 270°”。把 2 个复制的形状中文字改为“中医文化”“中国茶”。

⑥ 插入图片 3，裁剪并调整大小。放到页面的右上角，设置环绕文字为“衬于文字下方”，图片样式为“柔化边缘椭圆”。用同样的方法插入图片 4，放在页面的右下角。

⑦ 插入形状泪滴形，编辑顶点使它变成比较随意的形状，设置环绕文字为“衬于文字下方”。插入长城的联机图片，通过编辑调整剪切到剪贴板中，然后选中泪滴形用剪贴板图片填充，设置透明度为 50%。

⑧ 插入文本框，输入图 3-23 中左侧的文本，设置字体为方正姚体，字号为五号，加粗，文字颜色为黑色，1.5 倍行距。文本框填充为无填充颜色，文本框轮廓为橙色，更改文本框形状为“流程图：存储数据”。设置环绕文字为“浮于文字上方”，放在页面左侧。

⑨ 插入文本框输入效果图右上方文本，设置字体为方正姚体，字号为五号，加粗，文字颜

色为黑色，1.5 倍行距。文本框填充为无填充颜色，文本框轮廓为无轮廓。环绕文字为“浮于文字上方”。放在页面右上方。插入竖排文本框，输入图 3-23 右下方文本，设置字体为方正姚体，字号为五号，加粗，文字颜色为黑色。文本框填充为无填充颜色，文本框轮廓为无轮廓。环绕文字为“浮于文字上方”。放在页面右下方。

⑩ 保存文档。

拓展实训任务 3.3

实训内容

从网上搜集素材，按下列毕业设计要求，创建一个毕业设计文档。

操作要求

① 页面统一为 A4 纸张类型，设置页边距上为 2.6 厘米、下为 2.6 厘米、左为 2.5 厘米、右为 2 厘米，装订线为 1 厘米，左侧装订。

② 1 级标题（1. 引言）：小二、黑体、单倍行距、段前段后各 0.5 行。

③ 2 级标题（1.1 ×××）：小三、黑体、单倍行距、段前段后各 0.5 行。

④ 3 级标题（1.1.1 ×××）：四号、黑体、单倍行距、段前段后各 0.5 行。

⑤ 正文：小四、宋体、行间距固定值 20 磅、首行缩进 2 字符。

⑥ 封面设计要求如图 3-24 所示。

⑦ 标题“摘要”：小二、黑体、居中；中文摘要内容：小四、宋体、左对齐；关键词：小四、黑体、左对齐、3~5 个词。

⑧ 标题“Abstract”：小二、Times New Roman、居中；英文摘要内容：小四、Times New Roman、左对齐；英文关键词：小四、Times New Roman、加粗、左对齐、3~5 个词。

⑨ 在页面底端居中插入页码，前面的目录、摘要部分用罗马数字，正文部分用阿拉伯数字。

⑩ 自动生成目录。用尾注的形式插入参考文献。

********学院（黑体小二居中）**
毕业论文或毕业设计（黑体小二居中）

论文题目（黑体二号居中）

学生姓名：（黑体小四居中）
院　　系：（黑体小四居中）
专　　业：（黑体小四居中）
学　　号：（黑体小四居中）
辅导教师：（黑体小四居中）

年　月　日（黑体小四右对齐）

图 3-24　毕业设计封面

项目 4

Excel 2016 电子表格应用

项 目 目 标

本项目实训包括 7 个实训任务：

① 制作居民生活能源消费量表。

② 制作商品定购单。

③ 美化员工档案表。

④ 制作员工工资表。

⑤ 制作产品成本记录单。

⑥ 统计 2 月份员工销售商品数量表。

⑦ 设计工程部费用统计图。

本项目是计算机应用基础的重要内容之一，通过实训能熟练完成电子表格制作的相关工作任务，包括会使用 Excel 2016 电子表格处理软件创建和编辑工作簿，学会在工作表中使用图表、进行数据管理和分析等。

知识目标

① 了解 Excel 2016 的工作界面，理解工作簿、工作表和单元格的概念。

② 掌握工作表格式化的相关操作方法。

③ 理解单元格绝对地址和相对地址的概念，了解公式和函数的相关概念。

④ 掌握数据清单的含义，理解数据合并和数据透视表的意义。

⑤ 了解图表的功能、作用和组成。

技能目标

① 能够熟练地创建、编辑和修饰电子表格。

② 掌握工作表中公式的输入和复制以及常用函数的使用方法。

③ 能够熟练地使用公式和函数进行数据运算。
④ 能够熟练地对数据清单进行分析和管理。
⑤ 能够熟练地创建和编辑图表。

知 技 要 点

基本知识

1. 工作簿、工作表和单元格概念

工作簿是计算和储存数据的文件，一个工作簿就是一个 Excel 文件，其扩展名为 xlsx。一个工作簿可以包含多个工作表，但最多可以包含 255 个工作表。默认情况下 Excel 2016 的一个工作簿中有 1 个工作表，名称为 Sheet1。

微课
Excel 相关概念

工作表是单元格的集合，是 Excel 用来存储和处理数据的地方，通常称作电子表格。每个工作表都是由若干行和若干列组成的一个二维表格，行号用数字 1，2，…，1 048 576 表示，共 1 048 576 行；列标用字母 A，B，…，XFD 表示，共有 16 384 列。工作表是通过工作表标签来标识的，工作表标签显示于工作表区的底部，可以通过单击不同的工作表标签来进行切换。如果一个工作表在计算时要引用另一个工作表单元格中的内容，需要在引用的单元格地址前加上另一个“工作表名”和“！”符号，形式为〈工作表名〉！〈单元格地址〉。

微课
工作簿的基本操作

工作表中行和列交汇处的区域称为单元格，它是存储数据和公式及进行运算的基本单元。每个单元格都有唯一的地址，它由列标 + 行号组成，如 C5 表示第 C 列第 5 行相交处单元格的地址。用鼠标单击一个单元格，该单元格被选定成为当前（活动）单元格，此单元格地址显示在名称框中，而当前单元格的内容同时显示在当前单元格和数据编辑区中。

2. 工作表中数据的输入

（1）文本型数据

文本型数据包含汉字、英文字母、数字、空格和特殊符号等。默认情况下，文本数据为左对齐。如果文本数据出现在公式中，则需用英文的双引号括起来。

（2）数值型数据

Excel 的数值型数据只能含有数字、+、-、(、)、/、$、E、e。默认情况下，在单元格中数值型数据为右对齐。

（3）日期和时间的输入

日期和时间是一种特殊的数值数据。当在单元格中输入系统可识别的时间和日期型数据时，单元格的格式就会自动转换为相应的“时间”或者“日期”格式，而不需要去设定该单元格为“日期”或“时间”格式。

（4）检查数据的有效性

使用数据验证功能可以控制单元格能接受数据的类型和范围。可以设置数据有效性验证，以避免输入无效的数据，或者允许输入无效数据，但在输入完成后进行检查。

3. 格式化工作表

（1）条件格式

条件格式可以对含有数值或其他内容的单元格或者含有公式的单元格应用某种条件，来决定数据的显示格式。

（2）使用样式

样式是单元格字体、字号、对齐、边框等一个或多个设置特性的组合，将这样的组合加以命名和保存供用户使用。应用样式即应用样式名的所有格式设置。

（3）自动套用格式

把 Excel 提供的显示格式自动套用到用户指定的单元格区域，使表格更加美观。

（4）使用模板

模板是含有特定格式的工作簿，其工作表结构也已经设置。Excel 提供了一些模板，也可以将某工作簿文件的格式保存为模板，用户可以直接使用。

4. 公式与函数

（1）公式的形式

公式的一般形式为：=< 表达式 >

表达式可以是算术表达式、关系表达式和字符串表达式等，表达式可由运算符、常量、单元格地址、函数及括号等组成，但不能含有空格，公式中 < 表达式 > 前面必须有“=”号。

（2）运算符的类型

① 算术运算符：算术运算符可以完成基本的数学计算，即加、减、乘、除等，用以连接数据并产生数字结果。

加号“+”：用于实现加法运算。

减号“-”：用于实现减法运算。

星号“*”：用于实现乘法运算。

正斜杠“/”：用于实现除法运算。

百分号“%”：用于实现百分比转换。

脱字号“^”：用于实现幂运算。

② 比较运算符：用于比较两个数值的大小。Excel 中使用的比较运算符有 6 个，分别是 =（等于）、<（小于）、>（大于）、<=（小于或等于）、>=（大于或等于）、<>（不等于）。比较运算符的结果为逻辑值 TRUE（真）或 FALSE（假）。

③ 文本运算符：Excel 的文本运算符只有一个用于连接文字的符号 &。

④ 引用运算符：用于对单元格区域进行合并计算，有以下 3 种类型。

冒号：为区域运算符，生成对两个引用之间和本身所有单元格的引用。

逗号：为联合运算符，合并多个单元格区域引用。

空格：为交叉运算符，生成对两个引用共同的单元格的引用。

（3）单元格引用

指明公式中所用的数据的位置。单元格的引用分为相对引用、绝对引用和混合引用。

① 相对引用：是指在公式中直接使用单元格或单元格区域的地址。当复制相对引用的公式时，被粘贴公式的引用将被更新，并指向与当前公式位置相对应的其他单元格。

② 绝对引用：在引用的单元格地址的行和列的标号前加上英文符号“$”，称为绝对引用，

如“B4”。当把公式复制或移动到新位置后，引用的单元格地址保持不变。

③ 混合引用：引用的单元格地址既有相对引用也有绝对引用，这样的引用称为“混合引用”，如 $A1、B$3 等形式。如果公式所在单元格的位置改变，则相对引用改变，而绝对引用不变。

④ 跨工作表的单元格地址引用：用户可以引用当前或其他工作簿中的一个或多个工作表。例如“=［Book2.xlsx］Sheet1!A3+C5”表示对当前工作表中的 C5 单元格和 Book2 工作簿中的 Sheet1 工作表上的 A3 单元格内容求和。

（4）函数

函数一般由函数名和参数组成，形式为：函数名（参数表）。

其中，函数名由 Excel 提供，函数名中不区分大小写字母，参数表由用逗号分隔的参数 1、参数 2，…，参数 N（$N \leqslant 30$）构成。参数可以是常数、单元格地址、单元格区域、单元格区域名称或函数等。

5. 工作表中的数据库操作知识

Excel 可以按照数据库的管理方式对以数据清单形式存放的工作表进行各种排序、筛选、分类汇总、合并计算和建立数据透视表等操作。数据清单是指包含一组相关数据的一系列工作表数据行，它由标题行（表头）和数据部分组成。数据清单中的行相当于数据库中的记录，行标题相当于记录名；数据清单中的列相当于数据库中的字段，列标题相当于字段名。

（1）数据排序

按照一定的规则对数据进行重新排列，便于浏览或为进一步处理做准备（如分类汇总）。对工作表的数据清单进行排序是根据选择的“关键字”字段内容按升序或降序进行的，Excel 会给出两个关键字，分别是“主要关键字”和“次要关键字”，用户可根据需要添加和选取；也可以按用户自定义的数据排序。

（2）数据筛选

在工作表的数据清单中快速查找具有特定条件的记录。对于多字段条件的筛选要使用高级筛选方式。使用高级筛选功能时，首先应建立一个条件区域，条件区域的第 1 行是筛选条件的标题名，该标题名应与数据清单中的标题名相同。筛选条件的格式要注意，为“与”关系的条件要在同一行的对应列中输入；为“或”关系的条件要在不同行中输入。条件区域与数据清单区域之间必须用空行隔开。

（3）数据分类汇总

对工作表中数据清单的内容进行分类，并统计同类记录的相关信息，包括求和、最大值、最小值、记数等。在创建分类汇总之前，应先根据分类汇总的数据类对数据清单进行排序。

（4）数据合并

把来自不同源数据区域的数据进行汇总，并进行合并计算。不同数据源区域包括同一工作表中、同一工作簿中的不同工作表中及不同工作簿中的数据区域。

（5）数据透视表

从工作表的数据清单中提取信息，它可以对数据清单进行重新布局和分类汇总，还能立即计算出结果。

6. 图表的基本概念

（1）图表类型

Excel 提供了很多图表的类型，可以根据自己的需要选择不同的图表类型。以下介绍几种常用的图表类型及其应用。

① 柱形图：用于显示一段时间内的数据变化或显示各项之间的比较情况。柱形图把每个数据点显示为一个垂直柱体，每个柱体的高度对应于数值。值的刻度显示在垂直坐标轴上，通常位于图表的左边。

② 折线图：可以显示随时间变化的一组连续数据的变化情况，尤其适用于显示在相等时间间隔下的数据趋势。在折线图中，类别数据沿水平轴均匀分布，所有值数据沿垂直轴均匀分布。如果分类标签是文本并且代表均匀分布的数值（如月、季度或财政年度），则应该使用折线图。

③ 饼图：最适合反映单个数据在所有数据构成的总和中所占比例。饼图只能使用一个数据系列，数据点显示为整个饼图的百分比。通常，饼图中使用的值全为正数。

④ 条形图：实际上是顺时针旋转了 90°的柱形图，用于显示一段时间内的数据变化或显示各项之间的比较情况。利用工作表中列或行中的数据可以绘制条形图。通常类别数据显示在纵轴上，而数值显示于横轴上。

⑤ 树状图：按颜色和接近度显示类别，并可以轻松显示大量数据，而其他图表类型难以做到。当层次结构内存在空（空白）单元格时可以绘制树状图，树状图非常适合比较层次结构内的比例。树状图没有图表子类型。

⑥ 旭日图：不含任何分层数据（类别的一个级别）的旭日图与圆环图类似，但具有多个级别的类别的旭日图显示外环与内环的关系。旭日图在显示一个环如何被划分为作用片段时最有效，适合显示最大类别与各数据点之间的层次结构级别。

⑦ 面积图：用于强调数量随时间变化的程度，也可用于引起人们对总值趋势的注意。面积图还可以通过显示所绘制的值的总和显示部分与整体的关系。

⑧ 散点图：也叫 *xy* 图，用于显示若干数据系列中各数值之间的关系，或者将两组数据绘制为 *xy* 坐标的一个系列。散点图有两个数值轴，沿水平轴（*x* 轴）方向显示一组数值数据，沿垂直轴（*y* 轴）方向显示另一组数值数据。散点图将这些数值合并到单一数据点并以不均匀间隔或簇显示它们。通常用于显示和比较各数值之间的关系，如科学数据、统计数据和工程数据等。

（2）图表的构成

一个图表的主要构成部分如图 4-1 所示。

① 图表标题：描述图表的名称，默认在图表的顶端，也可删除。

② 坐标轴标题：坐标轴标题是 *x* 轴与 *y* 轴的名称。

③ 图例：包含图表中相应的数据系列的名称和数据系列在图中的颜色。

④ 绘图区：以坐标轴为界的区域。

⑤ 数据系列：一个数据系列对应工作表中选定区域中的一行或一列数据。

⑥ 网格线：从坐标轴刻度线延伸出来并贯穿整个“绘图区”的线条系列。

⑦ 背景墙与基底：三维图表中会出现前景墙与基底，是包围在许多三维图表周围的区域，用于显示图表的维度和边界。

7. 工作表中的链接

工作表中的链接包括超链接和数据链接两种情况。超链接可以从一个工作簿或文件快速跳转到其他工作簿或文件，超链接可以建立在单元格的文本或图形上；数据链接是使得数据发生关联，当更改一个数据时，与之相关联的数据也会改变。

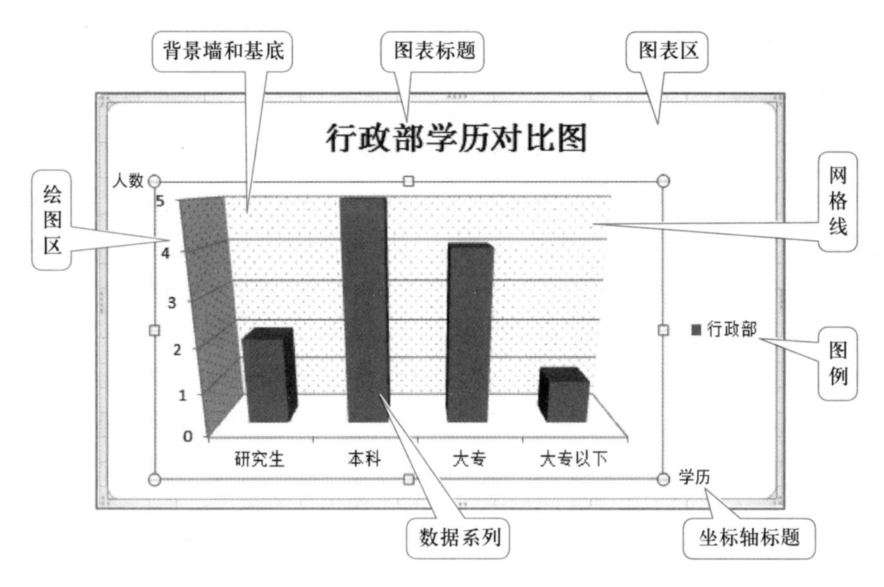

图 4-1　图表的构成

基本技能

1. 输入和编辑工作表数据

（1）输入数据

① 在单元格中输入数据：用鼠标选定单元格，直接在其中输入数据后按 Enter 键确认。

微课
数据的输入

② 在编辑栏中输入数据：用鼠标选定单元格，单击“编辑栏”定位插入点后输入数据，确认输入无误，单击“输入”按钮或按 Enter 键。

如果要输入分数，如“12 3/5”，在整数和分数之间应有一个空格，当分数小于 1 时，要写成“0 3/5”，否则会被 Excel 识别为日期 3 月 5 日。如果要输入一个负数，需要在数值前加上一个负号或加圆括号（ ），如（100）或 -100 表示“-100”。

（2）自动填充序列数据和自定义填充序列

在工作表中填充序列数据，可使用“开始”选项卡，单击“编辑”组中的“填充”下拉按钮，在弹出的下拉列表中选择“序列”选项完成。序列类型包括等差序列、等比序列、日期、自动填充类型。可以将经常使用而又带有某种规律性或顺序相对固定的文本，设定为自定义数据序列，以后只需输入数据序列的其中一个数据，再利用拖动填充柄的方式实现数据序列填充。

微课
数据验证

（3）数据验证

选定要设置数据验证的单元格区域，在“数据”选项卡的“数据工具”组中，单击“数据验证”按钮，在打开的“数据验证”对话框中进行设置。

2. 工作表的基本操作

（1）选定工作表

单击工作表的标签，选定该工作表，该工作表成为当前活动工作表。Excel 还允许对多张工作表同时进行编辑，即在单元格中输入的内容会同时显示在其余被选定的工作表中相同的单元格内。要选定相邻工作表，首先单击想要选定的第1张工作表的标签，按住Shift键，再单击最后一张工作表标签；要选定不相邻工作表，单击要选定的第1张工作表标签，按住Ctrl键，然后依次单击其余要选定的工作表。

（2）插入新工作表

允许一次插入一个或多个工作表。选定一个或多个工作表标签并右击，在弹出的快捷菜单中选择“插入”命令，即可插入与所选定数量相同的新工作表。Excel默认在选定的工作表左侧插入新的工作表。

（3）删除工作表

选定需删除的工作表，然后选择“开始”选项卡，单击“单元格”组中的“删除工作表”按钮即可；或右击要删除的工作表标签，从弹出的快捷菜单中选择“删除”命令。

（4）移动或复制工作表

① 利用对话框在不同的工作簿之间移动或复制工作表。首先要分别打开两个工作簿（源工作簿和目标工作簿），在要移动或复制的工作表标签上右击，从弹出的快捷菜单中选择“移动或复制工作表”命令，在打开的对话框中设置。

② 利用鼠标在工作簿内移动或复制工作表。选定要移动的一个或多个工作表标签，将鼠标指针指向要移动的工作表标签，按住左键沿标签向左或向右拖动工作表标签的同时会出现黑色小箭头，当黑色小箭头指向要移动到的目标位置时，松开鼠标即可完成移动。若是复制工作表，与移动工作表操作类似，只是在拖动工作表标签的同时按Ctrl键，当指针移动到要复制的目标位置时，松开鼠标后放开Ctrl键即可。

3. 单元格的基本操作

（1）选定单元格

方法1：将鼠标指针移至需选定的单元格上，单击该单元格即可选定为当前单元格。

方法2：在单元格名称栏中输入单元格地址，可直接定位到该单元格。

（2）重命名单元格或单元格区域

方法1：选定单元格或单元格区域，在名称框中输入新的名称，按Enter键即可。

方法2：右击选定的单元格或单元格区域，在弹出的快捷菜单中选择“定义名称”命令。在打开的“新建名称”对话框中输入新的名称，单击“确定”按钮。

（3）插入行、列与单元格

在“开始”选项卡中，单击“单元格”组中的“插入”按钮，在弹出的下拉列表中选择“行”“列”或“单元格”选项，可进行行、列与单元格的插入，选择的行数或列数即是插入的行数或列数。

（4）删除行、列与单元格

选定要删除的行、列或单元格，单击“单元格”组中的“删除”按钮，即可完成行、列或单元格的删除，此时单元格内容和单元格都被删除，其位置由周围的单元格补充。若按Delete键，将仅删除单元格的内容，空白单元格、行或列则仍保留在工作表中。

微课

美化表格

4. 美化工作表

在“开始”选项卡的相应组中，单击所需的按钮或选择相应的命令即可为选择的单元格或单元格区域设置字体格式、对齐方式、数字格式及单元格样式等。

（1）设置字体格式

设置字体格式有3种方式，分别是通过浮动工具栏设置，通过“字体”组设置，通过对话框设置。在“字体”组的右下角单击对话框启动器，打开“设置单元格格式”对话框，在“字体”选项卡中可详细设置字体格式。

（2）设置数字格式

设置数字格式可通过“数字”组设置或通过对话框设置。

（3）设置对齐方式

在Excel单元格中的文本默认为左对齐、数字为右对齐。为了保证工作表中数据的整齐性，可在“对齐方式”组或在“设置单元格格式”对话框的“对齐方式”选项卡中重新设置。

（4）设置单元格边框和底纹

通过“设置单元格格式”对话框的“边框”选项卡可对单元格或单元格区域的边框进行详细设置；在“填充”选项卡中可设置底纹。

（5）套用样式

在“开始”选项卡中，单击“样式”组中的“单元格样式”按钮或“套用表格格式”按钮，在弹出的下拉列表中选择所需样式即可。

（6）设置条件格式

要对单元格或区域应用条件格式，首先选定单元格，然后在“开始”选项卡中，选择“样式”组中“条件格式”下拉列表中的某个选项来指定规则。

选择“开始”选项卡，单击“编辑”组中的“清除”按钮，在弹出的下拉列表中选择“清除格式”命令，可删除表中所有条件格式。

5. 函数的输入

在Excel中输入函数式的方法通常有以下3种。

（1）使用快捷按钮输入

对于一些常用的函数，如求和（SUM）、求平均值（AVERAGE）、计数（COUNT）等，可以选择“开始”选项卡，利用“编辑”组中“求和”下拉列表中的选项来实现。

（2）通过函数向导输入

使用函数向导输入函数是通过“插入函数”对话框实现的，步骤如下：

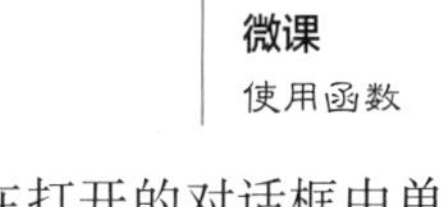

微课
使用函数

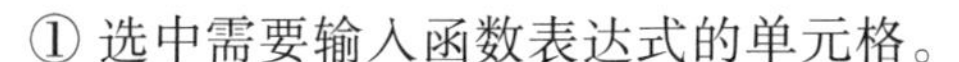

① 选中需要输入函数表达式的单元格。

② 选择“公式”选项卡，单击“函数库”组中的“插入函数”按钮，在打开的对话框中单击“或选择类别”右侧的下拉按钮，在弹出的下拉列表中选择需要的函数类别，然后在“选择函数”列表框中选择需要的函数，单击“确定”按钮。在打开的“函数参数”对话框中单击按钮，然后用鼠标在工作表上选择需要进行运算的单元格区域，选择好后再次单击该按钮，返回参数对话框，设置完成后关闭对话框即可。

（3）直接输入

若用户对使用的函数比较熟悉，可以直接在单元格或编辑栏中输入函数表达式，输入完成后，按Enter键即可。例如直接输入“=SUM（C3:F3）”，即计算单元格区域C3：F3中数值的和。

6. 数据分类汇总

（1）创建分类汇总

选择“数据”选项卡，单击“分级显示”组中的“分类汇总”按钮，可以创建分类汇总。若要对工作表中的数据进行多次分类汇总，应取消选中“分类汇总”对话框中的“替换当前分类汇总”复选框。

微课
分类汇总

（2）删除分类汇总

如果要删除已经创建的分类汇总，可在“分类汇总”对话框中单击“全部删除”按钮。

（3）显示或隐藏分类汇总数据

在对数据进行分类汇总后，在工作表的左侧有 3 个显示不同级别分类汇总的按钮1、2和3，单击它们可显示分类汇总和总计的汇总。单击+和-按钮可以显示或隐藏单个分类汇总的明细行。

7. 建立超链接

首先选定要建立超链接的单元格或单元格区域，在弹出的右键快捷菜单中选择“超链接”命令。在打开的“编辑超链接”对话框中进行设置。

利用“编辑超链接”对话框可以对超链接信息进行修改，也可以取消超链接。选定已建立超链接的单元格或单元格区域，在弹出的右键快捷菜单中选择“取消超链接”命令即可。

8. 建立数据链接

首先打开某工作表选择数据，在“开始”选项卡的“剪贴板”组中单击“复制”按钮复制选择的数据。再打开要关联的工作表，在工作表中指定的单元格粘贴数据，在“粘贴选项”下拉菜单中选择“粘贴链接”命令即可。

实训任务 4.1 制作居民生活能源消费量表

 实训目的

① 熟悉工作簿的新建、保护和保存操作。

② 掌握工作表的复制、重命名和删除等操作方法。

③ 熟练掌握工作表的数据输入、自动填充等操作。

 实训内容与要求

按照以下要求制作居民生活能源消费量表。

① 标题格式为合并居中，字体为楷体，字号为 18 磅。表格正文设置字体为等线，字号为 12 磅。

② 在 B2：E2 单元格区域使用自动填充功能输入年度数。

③ 工作表名称由 Sheet1 修改为“生活能源消费”。新建第 2 张工作表，将名称修改为“人均生活能源消费”。

④ 对此工作簿加密码保护，并以“居民生活能源消费量 .xlsx”为文件名保存到 Windows 桌面上。

⑤ 实训结果如图 4-2 所示。

	A	B	C	D	E	F
1	居民生活能源消费量					
2	能源品种	2015年	2016年	2017年	2018年	
3	煤炭（万吨）	9627	9492	9283	7714	
4	天然气（亿立方米）	360	380	420	468	
5	煤气（亿立方米）	80	63	52	47	
6	热力（万百万千焦）	93841	98623	106330	121684	
7	电力（亿千瓦小时）	7565	8421	9072	10058	
8						
9						

生活能源消费 | 人均生活能源消费

图 4-2 居民生活能源消费量表

实训步骤与指导

① 设置合并居中之前，应先选定 A1: E1 单元格区域。

② 工作表的复制、删除和重命名等操作，将鼠标指向工作表名称后右击，在弹出的快捷菜单中选择相应命令即可。按住 Ctrl 键的同时单击第 1 张工作表和第 2 张工作表即可同时选定这两张工作表。

> **小技巧**
>
> 快速选定全部工作表：右击工作表标签，在弹出的快捷菜单中选择“选定全部工作表”命令即可。
>
> 快速移动 / 复制单元格：先选定单元格，然后移动鼠标指针到单元格边框线上，按下鼠标左键并拖动到新位置，即可完成移动。若要复制单元格，则在拖动鼠标的同时按住 Ctrl 键。
>
> 快速换行：如果要在一个单元格中输入多行文字，可在输入完一行内容后按 Alt+Enter 组合键实现在单元格中换行。

③ 单击工作表标签右侧的 + 号即可新建一张工作表，并将此工作表标签名称修改为“人均生活能源消费”。

④ 给工作簿添加密码保护，在“另存为”对话框中单击“工具”下拉按钮，在弹出的下拉菜单中选择“常规选项”命令，在打开的“常规选项”对话框中进行设置，如图 4-3 所示。

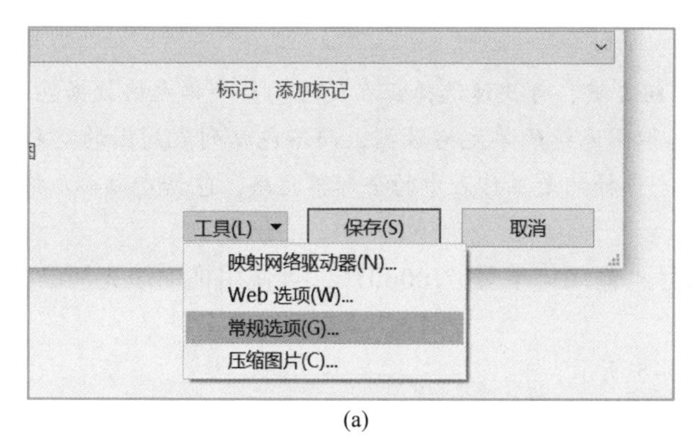

(a)

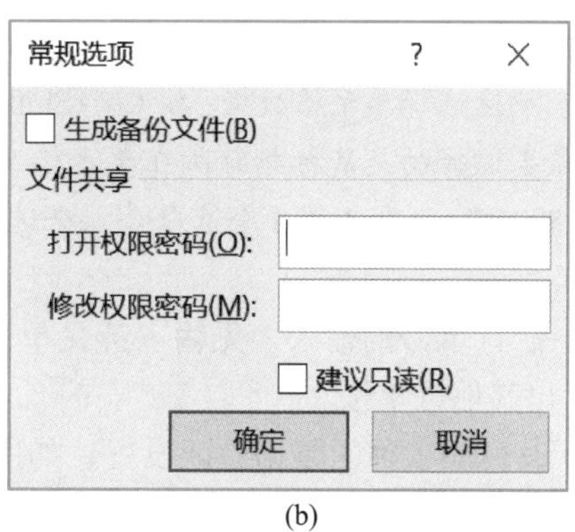

(b)

图 4-3 设置工作簿密码保护

实训任务 4.2 制作商品定购单

实训目的

① 熟悉日期和时间的输入方法，以及拆分与冻结工作表窗口。

② 熟练掌握工作表的查找替换操作。

③ 熟练掌握单元格的数据验证设置。

④ 掌握工作表打印区域设置的操作方法。

 实训内容与要求

按照以下要求制作商品定购单。

① 设置标题格式为居中，字体为华文行楷，字号为 24 磅。设置正文字体为宋体，字号为 14 磅，并设置合适的列宽和行高。

② 使用冻结窗口功能使行标题一直在窗口中显示。

③ 订单号使用自动填充序列的方法输入，商品名称的输入应用数据验证设置。

④ 使用查找功能修改 00008、00012 订单的订购数量。

⑤ 设置打印区域，只打印订单号从 00001~00020 的商品订单。

⑥ 以“商品定购单 .xlsx”为文件名保存。

⑦ 实训结果如图 4-4 所示。

	A	B	C	D	E
1	商品订购单				
2	订单号	商品名称	订购数量	订购日期	
3	00001	商品A	5	5月6日	
4	00002	商品B	10	5月7日	
5	00003	商品B	8	5月7日	
6	00004	商品B	15	5月7日	
7	00005	商品D	7	5月8日	
8	00006	商品A	12	5月8日	
9	00007	商品A	16	5月8日	
10	00008	商品C	10	5月8日	
11	00009	商品D	13	5月9日	
12	00010	商品B	15	5月9日	
13	00011	商品D	16	5月10日	
14	00012	商品A	5	5月10日	
15	00013	商品B	20	5月10日	
16	00014	商品B	22	5月12日	
17	00015	商品D	5	5月12日	

图 4-4 商品订购单

实训步骤与指导

① 设置行高和列宽。先选定要设置的行或列，选择“开始”选项卡，单击“单元格”组中的“格式”下拉按钮，在弹出的下拉列表中选择“行高”或“列宽”选项。

> **小技巧**
>
> 快速选择单元格数据：按 Ctrl+Shift+* 组合键，可快速选择正在处理的整个单元格数据范围。该命令选择的是鼠标指针所在单元格及其周围连续的单元格数据，而不包括列表周围的空白单元格。这一技巧不同于全选命令，全选命令选择的是工作表中的全部单元格，包括空白单元格。

② 订单号的输入。先输入英文单引号再输入订单号“’00001”，再使用拖动填充柄的方法显示出其他订单号。

③ 商品名称的数据验证设置，如图 4-5 所示。

④ 先选定 A3 单元格，再使用冻结窗口功能。

⑤ 要修改 00008 和 00012 订单的订购数量，先使用查找命令找到这两个订单号所在的行，再修改对应的订购数量即可。可在“开始”选项卡的“编辑”组中单击“查找和选择”按钮。

> **小技巧**
>
> 快速查找星号“*”和问号“?”：在输入查找内容时，星号和问号是通配符。其中星号可代表一个或多个字符，问号代表一个字符。如果查找的是这两个字符，只要在它们前面加上波浪号“~”即可。

⑥ 打印区域的设置。先在工作表中选定要打印的单元格区域，然后选择“页面布局”选项卡，在“页面设置”组中单击“打印区域”下拉按钮，选择“设置打印区域”选项。或者在选定要打印的单元格区域后，选择“文件”选项卡→“打印”命令，在右侧窗格“设置”区选择“打印选定区域”选项，如图 4-6 所示。

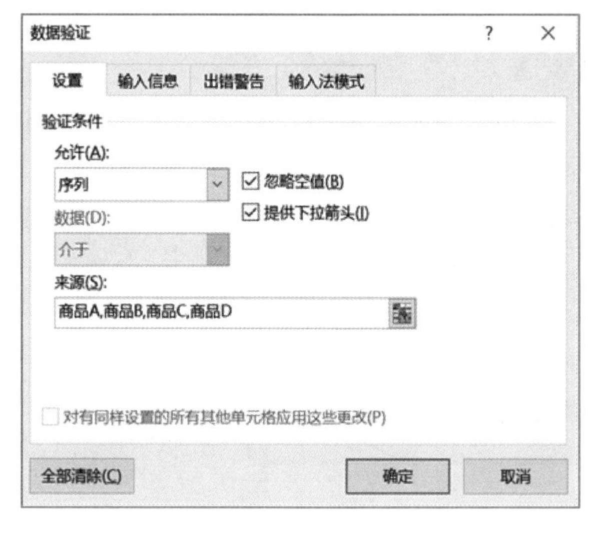

图 4-5　数据验证设置

图 4-6　打印选定区域

实训任务 4.3　美化员工档案表

实训目的

① 熟练掌握单元格的格式化，包括数据的显示格式、字体设置、数据对齐方式、边框和底纹、自动套用格式等操作方法。

② 掌握设置条件格式的方法。

实训内容与要求

按照以下要求美化员工档案表。

① 员工编号使用自动填充功能。学历应用数据验证输入。

② 给标题 A1 单元格添加背景色为“双色渐变”填充效果，其中颜色 1 为“蓝色，个性色 5，淡色 40%”，颜色 2 为“蓝色，个性色 5，淡色 80%”。为单元格区域 A2:G2 添加背景色“蓝色，个性色 5，淡色 80%”。

③ 为单元格区域 A2：G14 添加外边框和内边框线。

④ 为单元格区域 C3：C14（“性别”列）应用条件格式“文本包含”命令。

⑤“出生年月”列应用“黄绿色阶”命令。“工龄”列应用“三色交通灯”命令。“工资”列应用“绿色数据条”命令。

⑥ 以“员工档案表 .xlsx”为文件名保存工作簿。

⑦ 实训结果如图 4-7 所示。

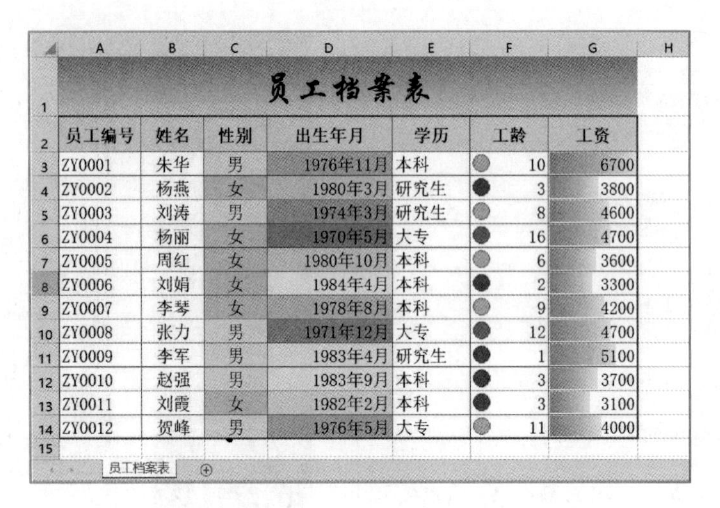

员工档案表						
员工编号	姓名	性别	出生年月	学历	工龄	工资
ZY0001	朱华	男	1976年11月	本科	10	6700
ZY0002	杨燕	女	1980年3月	研究生	3	3800
ZY0003	刘涛	男	1974年3月	研究生	8	4600
ZY0004	杨丽	女	1970年5月	大专	16	4700
ZY0005	周红	女	1980年10月	本科	6	3600
ZY0006	刘娟	女	1984年4月	本科	2	3300
ZY0007	李琴	女	1978年8月	本科	9	4200
ZY0008	张力	男	1971年12月	大专	12	4700
ZY0009	李军	男	1983年4月	研究生	1	5100
ZY0010	赵强	男	1983年9月	本科	3	3700
ZY0011	刘霞	女	1982年2月	本科	3	3100
ZY0012	贺峰	男	1976年5月	大专	11	4000

图 4-7 员工档案表

实训步骤与指导

① 将标题 A1：G1 单元格区域合并后居中。在工作表中输入员工信息。

> **小技巧**
>
> 在一个区域内快速输入数据：用鼠标选定单元格区域，按 Tab 键可使目标单元格向右移动，按 Shift+Tab 组合键可向左移动。这样可快速使用键盘在选定的单元格区域中输入数据而不必用鼠标，从而提高输入速度。

② 在“设置单元格格式”对话框的“填充”选项卡中设置背景色，单击“填充效果”按钮，在打开的对话框中设置双色渐变效果，如图 4-8 所示。

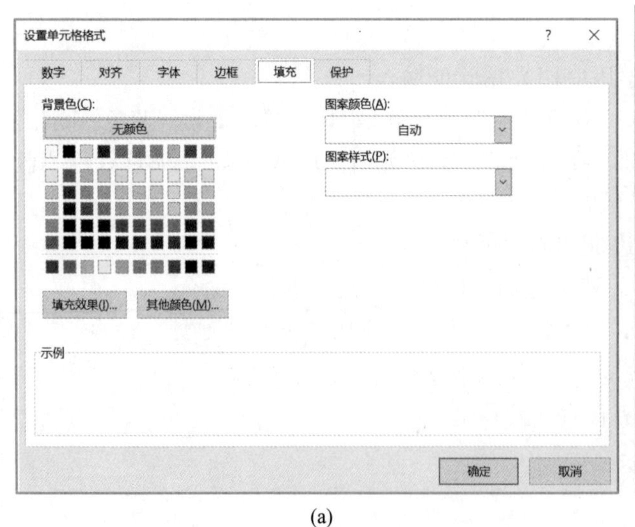

(a)

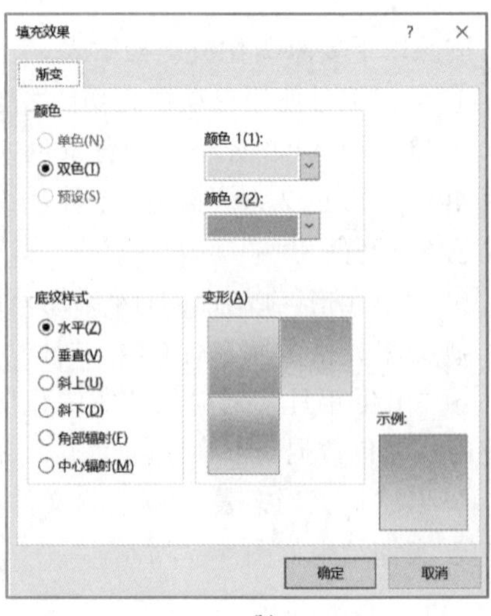

(b)

图 4-8 设置背景色

💡 小技巧

快速格式化 Excel 单元格：先选择需要格式化的单元格，按 Ctrl+1 组合键，就可快速打开“设置单元格格式”对话框进行设置。

③ 选定单元格区域 A2：G14，打开“设置单元格格式”对话框，选择“边框”选项卡。选择要设置的外边框线条的样式和颜色后，再单击“外边框”按钮；选择要设置的表内部线条的样式和颜色后，再单击“内部”按钮。边框设置如图 4-9 所示。

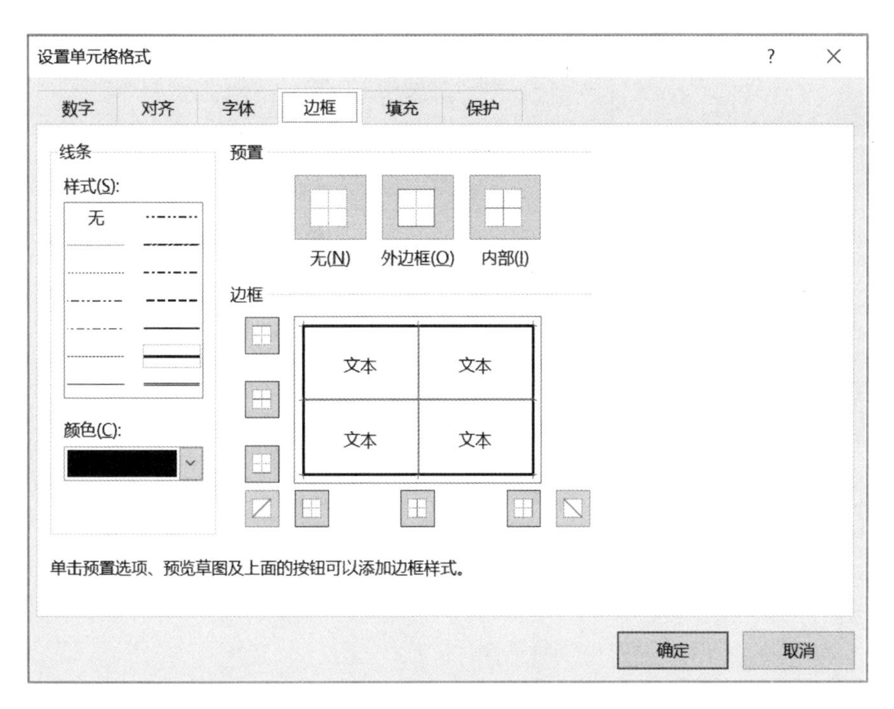

图 4-9　边框线设置

④ 选定单元格区域 C3：C14（“性别”列），选择“开始”选项卡，在“样式”组中单击“条件格式”下拉按钮，在弹出的下拉列表中选择“突出显示单元格规则”→“文本包含”命令，打开“文本包含”对话框，其中单元格值为“男”的设置为“绿填充色深绿色文本”，单元格值为“女”的设置为“浅红填充色深红色文本”。

⑤“黄－绿色阶”命令在“条件格式”→“色阶”中，“绿色数据条”命令在“条件格式”→“数据条”中，“三色交通灯”命令在“条件格式”→“图标集”中。

实训任务 4.4　制作员工工资表

实训目的

① 掌握保护工作表的方法。

② 熟练掌握公式的使用。

 实训内容与要求

按照以下要求制作员工工资表。

① 设置标题格式，并套用表格样式“表样式中等深浅 6”。工作表名称修改为“工资领取表”。

② 工资合计 = 基本工资 + 岗位工资 + 加班，实付工资 = 工资合计 - 扣事假。

③ 对此工作表进行保护，并以“工资表 .xlsx”为文件名保存。

④ 实训结果如图 4-10 所示。

	A	B	C	D	E	F	G	H	I	J	K
1	工 资 表										
2	单位名称：XX公司							年 月 日			
3	编号	姓名	性别	所属部门	基本工资	岗位工资	加班	工资合计	扣事假	实付工资	
4	0001	王鹏	男	销售部	2200	1000	700	3900	40	3860	
5	0002	李丽	女	销售部	2400	1200	700	4300	80	4220	
6	0003	李明	男	销售部	3300	1500	1000	5800	60	5740	
7	0004	安迪	男	销售部	2000	800	800	3600	0	3600	
8	0005	肖阳	男	销售部	2200	800	1000	4000	0	4000	
9	0006	江海	男	销售部	2700	1400	600	4700	100	4600	
10	0007	张庆	男	销售部	2800	1200	800	4800	0	4800	
11	0008	王华	女	销售部	2200	1200	1000	4400	0	4400	
12	0009	李超	女	销售部	2100	800	1200	4100	150	3950	
13	0010	张宇	男	销售部	1800	800	1000	3600	0	3600	
14	0011	章强	男	办公室	2400	1500	800	4700	80	4620	
15	0012	谢米	女	办公室	2600	800	1000	4400	100	4300	
16	0013	张峰	男	办公室	3000	1300	1000	5300	0	5300	
17	0014	刘凯	男	生产部	2000	800	1000	3800	0	3800	
18	0015	刘云	男	生产部	2900	1800	800	5500	150	5350	
19	0016	常青	女	生产部	2000	800	800	3600	0	3600	
20	0017	胡蓝	女	生产部	2500	1000	800	4300	0	4300	
21	0018	吴立	男	生产部	1900	800	1000	3700	120	3580	

图 4-10 员工工资表

 实训步骤与指导

① 选定要套用表格样式的单元格区域，再选择“开始”选项卡，单击“样式”组中的“套用表格格式”下拉按钮，在弹出的下拉列表中选择“表样式中等深浅 6”选项，在打开的“套用表格式”对话框中可设置套用表格样式的区域。因为已选择了套用范围，所以可以直接单击“确定”按钮。

② 在 H4 单元格中输入公式“=E4+F4+G4”，按 Enter 键确认。选中此单元格的填充柄，拖动填充柄至“工资合计”列的其余单元格，即可完成公式复制。

小技巧

在绝对与相对单元格引用之间切换：选中要改变的单元格引用后按 F4 键切换引用方式，如选中 A3 单元格后，反复按 F4 键，可在 A$3、$A3、A3 和 A3 之间进行切换。

③ 保护工作表。选择“审阅”选项卡，单击“更改”组中的“保护工作表”按钮，在打开的“保护工作表”对话框中设置，并输入密码，以防止他人取消工作表保护，如图 4-11 所示。如果要取消对工作表的保护，单击“更改”组中的“撤销工作表保护”按钮即可，如图 4-12 所示。

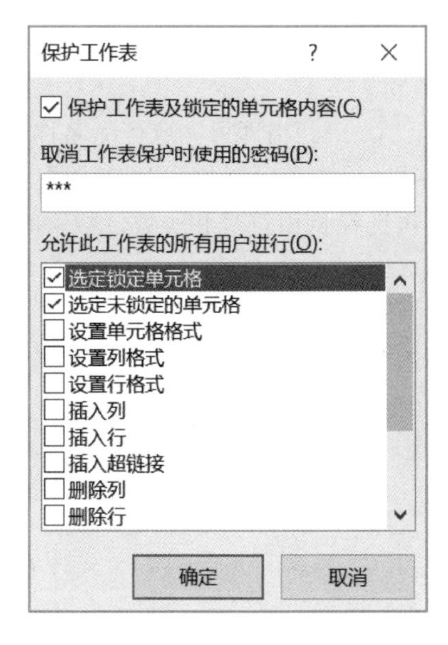

图 4-11　保护工作表

图 4-12　撤销工作表保护

实训任务 4.5　制作产品成本记录单

实训目的

① 掌握函数的使用方法。

② 熟练掌握几种常用函数（包括求和、求平均值、计数、求最大值和求最小值等）的用法。

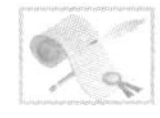

实训内容与要求

按照以下要求制作产品成本记录单。

① 设置标题格式为合并居中，字体为宋体，字号为 18 磅，加粗，颜色为深蓝。将 Sheet1 工作表标签名称修改为“一月份”。

② 产品名使用自动填充功能输入。

③ 总成本 = 单位成本 × 生产数量。

④ 利用函数求出成本和、成本最大值、单位成本平均值和产品数。其中产品数使用 COUNT 函数求得。

⑤ 以“产品成本记录单 .xlsx”为文件名保存此工作簿文件。

⑥ 实训结果如图 4-13 所示。

	A	B	C	D	E
1	产品成本记录单				
2	产品名	单位成本	生产数量	总成本	
3	CP1	¥ 125	2000	¥ 250,000	
4	CP2	¥ 57	1200	¥ 68,400	
5	CP3	¥ 80	1500	¥ 120,000	
6	CP4	¥ 220	1000	¥ 220,000	
7	CP5	¥ 140	800	¥ 112,000	
8	CP6	¥ 43	1800	¥ 77,400	
9					
10	成本和	¥ 847,800			
11	成本最大值	¥ 250,000			
12	单位成本平均值	¥ 111			
13	产品数	6			
14					

图 4-13　产品成本记录单

实训步骤与指导

① 在 A3 单元格输入“CP1”，拖动此单元格填充柄至 A8 单元格即可完成产品名称的输入。

② 要在单元格数据前加 ¥ 符号，应先选定单元格，打开“设置单元格格式”对话框。在“数字”选项卡的“分类”列表框中选择“会计专用”选项，再选择货币符号和小数位数，如图 4-14 所示。

图 4-14 设置会计专用格式

③ 产品“成本和”使用求和函数 SUM 求得。可在 B10 单元格中直接输入函数名和参数；也可在“开始”选项卡中，单击“编辑”组中的“求和”按钮来计算。

④ 产品“成本最大值”使用求最大值函数 MAX 求得，“单位成本平均值”使用求平均值函数 AVERAGE 求得，“产品数”使用记数函数 COUNT 求得。

小技巧

快速查看单元格中的函数和公式：默认情况下 Excel 中使用的函数和公式在编辑栏中显示，在单元格中只显示运算结果。按 Ctrl+` 组合键可使函数和公式显示在单元格中。

实训任务 4.6　统计 2 月份员工销售商品数量表

实训目的

① 熟练掌握有关数据清单的操作，如排序、筛选、分类汇总。

② 掌握数据透视表的建立方法。

③ 掌握数据合并计算的方法。

实训内容与要求

按照以下要求制作 2 月份员工销售商品数量表。

① 设置“销售日期”为日期型数据，“单价”和“销售额”为会计专用型数据。

② 在“销售额”栏中输入公式“= 单价 × 数量”。

③ 将 Sheet1 工作表重命名为“2 月份员工销售量表”。

④ 按“销售额”从高到低的顺序进行排序，并将排序结果复制到 Sheet2 工作表中。

⑤ 统计出每种商品的总销售额，并将分类汇总的结果复制到 Sheet3 工作表中，如图 4–15 所示。

⑥ 筛选出销售地点为“上海”、商品名称为“水晶”的销售数据，并将筛选结果显示在销售表下方的空白区域，如图 4–16 所示。

⑦ 使用合并计算功能汇总各类商品的总数量，保存至另一新的工作表中，如图 4–17 所示。

	A	B	C
1	商品名称	销售额	
2	红宝石 汇总	¥ 3,700	
3	水晶 汇总	¥ 9,180	
4	珍珠 汇总	¥ 6,690	
5	总计	¥ 19,570	
6			

图 4–15　销售额统计

18							
19	销售日期	销售地点	职员姓名	商品名称	数量	单价	销售额
20	2月15日	上海	高天	水晶	5	¥ 130	¥ 650
21	2月21日	上海	刘畅	水晶	15	¥ 140	¥ 2,100
22	2月27日	上海	李林	水晶	25	¥ 150	¥ 3,750
23							

图 4–16　上海的水晶销售数据

⑧ 创建数据透视表，以销售地点为报表筛选标签，商品名称为行标签，查看每个销售地点的每种商品的总销售额，如图 4–18 所示。

⑨ 实训结果如图 4–19 所示。

	A	B	C
1		数量	
2	红宝石	14	
3	水晶	67	
4	珍珠	64	
5			
6			
7			

图 4–17　各类商品总数量

	A	B	C	D	E	F
1	销售地点	北京				
2						
3	求和项:销售额	列标签				
4	行标签	蔡阳	林华	总计		
5	红宝石		780	780		
6	水晶		1200	1200		
7	珍珠	3500		3500		
8	总计	3500	1980	5480		
9						
10						

图 4–18　数据透视表

	A	B	C	D	E	F	G	H
1	销售日期	销售地点	职员姓名	商品名称	数量	单价	销售额	
2	2月1日	上海	刘畅	红宝石	5	¥ 260	¥ 1,300	
3	2月1日	北京	林华	水晶	10	¥ 120	¥ 1,200	
4	2月3日	成都	萧遥	水晶	10	¥ 120	¥ 1,200	
5	2月7日	北京	林华	红宝石	3	¥ 260	¥ 780	
6	2月7日	上海	高天	红宝石	3	¥ 260	¥ 780	
7	2月11日	北京	蔡阳	珍珠	15	¥ 100	¥ 1,500	
8	2月15日	上海	高天	水晶	5	¥ 130	¥ 650	
9	2月15日	北京	蔡阳	珍珠	20	¥ 100	¥ 2,000	
10	2月17日	成都	陈晓晓	红宝石	3	¥ 280	¥ 840	
11	2月21日	上海	刘畅	水晶	15	¥ 140	¥ 2,100	
12	2月21日	上海	李林	珍珠	4	¥ 110	¥ 440	
13	2月22日	成都	陈晓晓	珍珠	25	¥ 110	¥ 2,750	
14	2月25日	成都	萧遥	水晶	2	¥ 140	¥ 280	
15	2月27日	上海	李林	水晶	25	¥ 150	¥ 3,750	
16								

图 4-19 2 月份员工销售商品数量表

实训步骤与指导

① 双击 Sheet1 工作表标签，重命名为“2 月份员工销售量表”。

② 在数据清单上选定“销售额”列的任一单元格，选择“数据”选项卡，单击“排序和筛选”组中的“降序”按钮 ，或单击“排序和筛选”组中的“排序”按钮，在打开的“排序”对话框中进行设置。

③ 在对商品进行分类汇总之前，要先对“商品名称”列进行排序，升序或降序排列都可以。在“分类汇总”对话框中设置“分类字段”为“商品名称”，“汇总方式”为“求和”，“选定汇总项”为“销售额”，如图 4-20 所示。

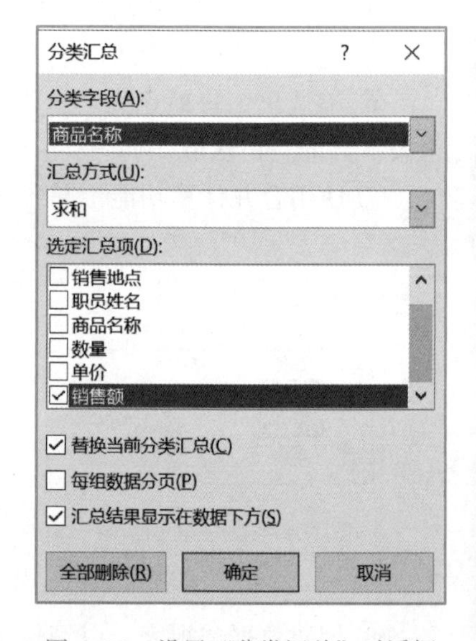

图 4-20 设置“分类汇总”对话框

④ 分类汇总后，将明细折叠隐藏后的结果如图 4-21 所示。选中 E 列和 F 列，选择“开始”选项卡，在“单元格”组中单击“格式”下拉按钮，在弹出的下拉列表中选择“隐藏和取消隐藏”→“隐藏列”选项。选中 D1：G19 单元格区域，如图 4-22 所示。再单击“编辑”组中的“查找和选择”下拉按钮，在弹出的下拉列表中选择“定位条件”选项，在打开的“定位条件”对话框中选中“可见单元格”单选按钮，如图 4-23 所示。定位条件后只选中可见单元格，而在选择框中隐藏的单元格（如 D2、D3 等）则没有被选中。再将选中的单元格复制到 Sheet3 工作表中即可，结果如图 4-15 所示。

	A	B	C	D	E	F	G
1	销售日期	销售地点	职员姓名	商品名称	数量	单价	销售额
6				红宝石 汇总			¥ 3,700
13				水晶 汇总			¥ 9,180
18				珍珠 汇总			¥ 6,690
19				总计			¥ 19,570
20							

图 4-21 隐藏明细后的分类汇总结果

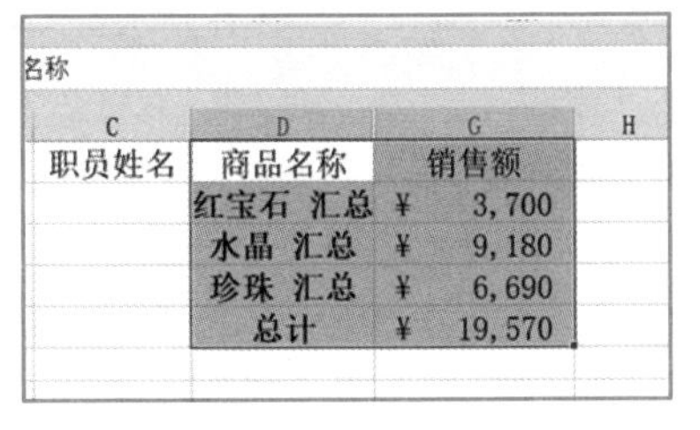

图 4–22　商品总计的单元格区域

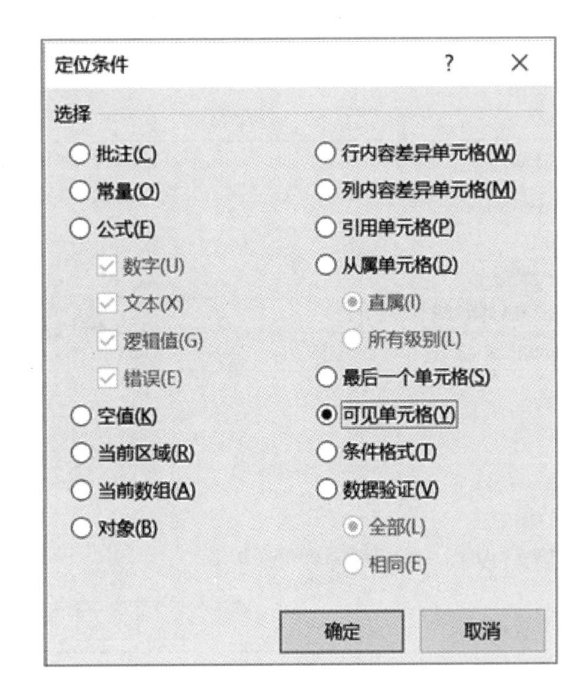

图 4–23　设置“定位条件”对话框

小技巧

禁止复制隐藏行或列中的数据：如果要复制一个包含隐藏行或列的区域，但并不需要粘贴隐藏的行或列。具体操作是首先选取要复制的数据区域，然后选择“开始”选项卡，单击“编辑”组中的“查找和选择”下拉按钮，在弹出的下拉列表中选择“定位条件”命令。在打开的“定位条件”对话框中选中“可见单元格”单选按钮，然后再复制和粘贴这个选定区域。

⑤ 分类汇总结果复制完后，重新显示隐藏的列，并将原始工作表“2 月份员工销售量表”中的分类汇总删除，还原为原始工作表的数据清单内容。

小技巧

快速恢复隐藏列：使用鼠标可快速恢复隐藏列。例如隐藏了 B 列，将鼠标指针放置在列 A 和列 C 的分隔线上，轻轻地向右移动鼠标指针，直到指针从两边有箭头的单竖变成两边有箭头的双竖杠，此时拖动鼠标指针就可以显示隐藏的列。

⑥ 使用高级筛选功能将销售地点为“上海”、商品名称为“水晶”的数据显示在原数据清单的下方。在输入筛选条件时要注意，为“与”关系的条件要在同一行的对应列中输入，为“或”关系的条件要在不同行中来输入。

⑦ 在一个新工作表上选中 A1 单元格，选择“数据”选项卡，单击“数据工具”组中的“合并计算”按钮，在打开的“合并计算”对话框中，选中“首行”和“最左列”两个复选框，并设置引用位置为“'2 月份员工销售量表'!D1：E15”，如图 4–24 所示。

⑧ 在“数据透视表字段”任务窗格中，设置报表“筛选器”标签为“销售地点”，“行”标签为“商品名称”，“列”标签为“职员姓名”，如图 4–25 所示。

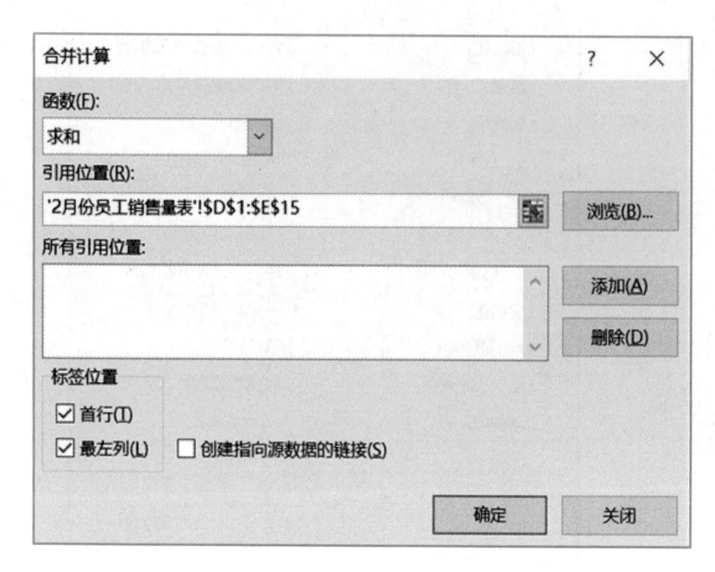

图 4–24 设置“合并计算”对话框

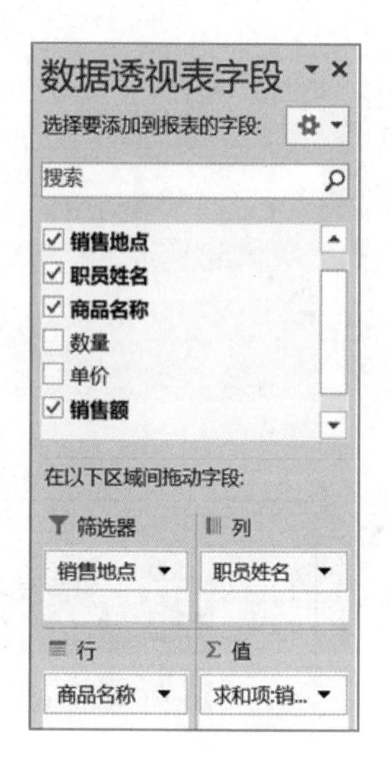

图 4–25 设置字段列表

实训任务 4.7 设计工程部费用统计图

实训目的

① 熟练掌握 Excel 中图表的创建方法。

② 熟练掌握图表的各种编辑方法。

实训内容与要求

按照以下要求制作设计工程部费用对比图。

① 打开“工程部费用统计表 .xlsx”工作簿。

② 绘出工程部费用统计图，要求图表类型为簇状柱形图，图表样式为样式 14。设置图表区背景为渐变填充，预设渐变为“浅色渐变 – 个性色 6”。

③ 为“一月”数据系列添加趋势线。其中趋势线选项为“移动平均”，线型宽度为 1.5 磅，并设置阴影效果。

④ 将数据表设置在图表下方显示，如图 4–26 所示。

⑤ 绘出第一季度费用对比图。要求图表类型为带数据标记的折线图，图表样式为样式 20。图表位置为新工作表 Chart1。

⑥ 设置图例、水平轴、数值轴中文字字体为等线、14 磅加粗。显示主要刻度的纵、横网格线。添加标题“第一季度费用对比图”，标题样式为“细微效果 – 绿色，强调颜色 6”。设置图表区背景为纹理填充。实训结果如图 4–27 所示。

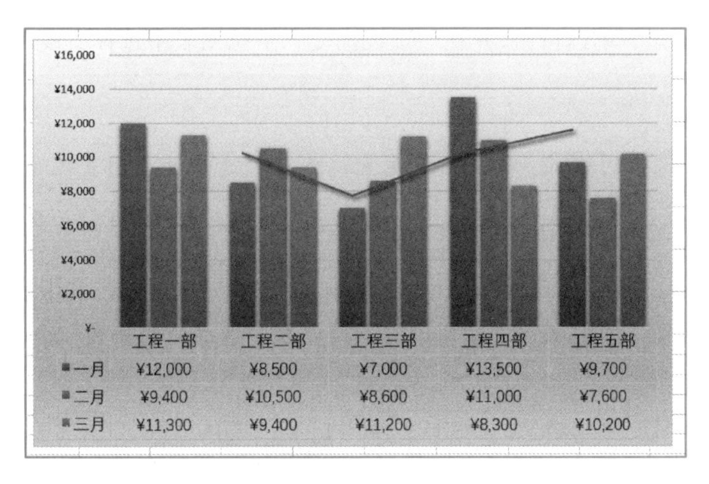

图 4-26　工程部费用统计图

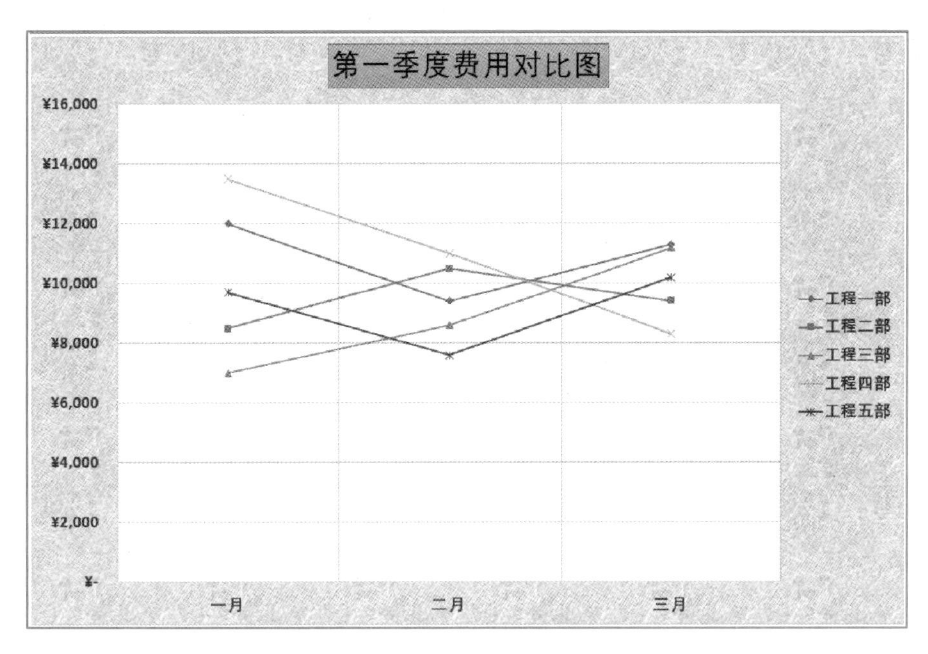

图 4-27　第一季度费用对比图

实训步骤与指导

① 选定工作表数据区域,注意数据表标题“工程部费用统计表”所在单元格不要选中。在“插入”选项卡的“图表”组中选择图表类型为簇状柱形图。

> **小技巧**
>
> 快速创建 Excel 图表：选定要创建图表的数据区域，按 F11 键或 Alt+F1 组合键都可快速建立一个簇状柱形图表。

② 在图表区上右击，在弹出的快捷菜单中选择“设置图表区域格式”命令。在“填充”选

项卡中选中“渐变填充”单选按钮,并在“预设渐变”下拉列表中选择“浅色渐变 - 个性色 6”,如图 4-28 所示。

小技巧

快速修改图表元素的格式:双击图表元素,就可快速打开此图表元素的格式设置窗格。在这个窗格中重新进行格式设置即可。

③ 选中“一月”数据系列后,在“图表工具 - 图表设计”选项卡中,单击“图表布局”组中的“添加图表元素”下拉按钮,在弹出的下拉列表中选择“趋势线”→“移动平均”选项,如图 4-29 所示。

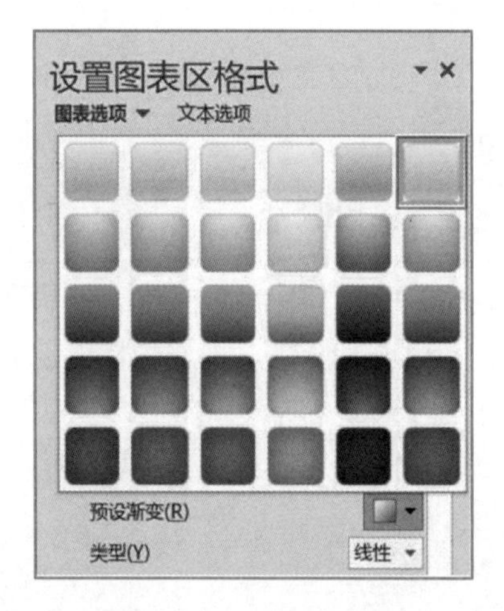

图 4-28 设置图表区背景

图 4-29 设置趋势线

④ 图表位置的选择。在“图表工具 - 图表设计”选项卡中,单击“位置”组中的“移动图表”按钮,在打开的对话框中选择放置图表的位置,如图 4-30 所示。

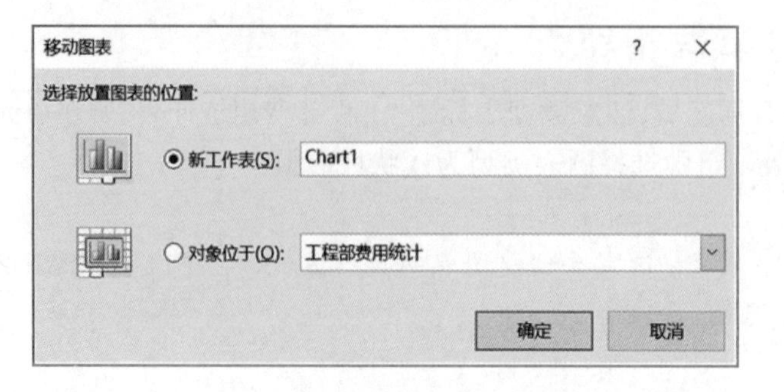

图 4-30 选择放置图表的位置

⑤ 网格线设置。在“图表工具－图表设计”选项卡中，单击“图表布局”组中的“添加图表元素”按钮，在弹出的列表中选择添加主要刻度的纵、横网格线。

拓展实训任务

制作产品销售统计表

实训内容

制作某公司一天的产品销售统计表，效果如图 4–31 所示。

	A	B	C	D	E	F
1	产品销售统计表					
2	销售单号	产品名称	单价	数量	销售额	
3	0001	电脑桌	¥ 280	3	¥ 840	
4	0002	打印机	¥ 850	1	¥ 850	
5	0003	电脑桌	¥ 280	3	¥ 840	
6	0004	U盘	¥ 65	1	¥ 65	
7	0005	打印机墨水	¥ 220	5	¥ 1,100	
8	0006	电脑桌	¥ 280	1	¥ 280	
9	0007	打印机	¥ 850	2	¥ 1,700	
10	0008	U盘	¥ 65	2	¥ 130	
11	0009	U盘	¥ 65	5	¥ 325	
12	0010	打印机墨水	¥ 220	2	¥ 440	
13	0011	打印机	¥ 850	1	¥ 850	
14	0012	电脑桌	¥ 280	5	¥ 1,400	
15	0013	电脑桌	¥ 280	2	¥ 560	
16						
17	打印机销售数量	4				
18	总销售额	¥ 9,380				
19						

图 4–31　产品销售统计表

操作要求

① 新建一个名为“产品销售统计 .xlsx”的工作簿文件，并将 Sheet1 工作表重命名为“产品统计”。

② 在“产品统计”工作表中输入销售数据。其中“单价”列和“销售额”列数据设置为会计专用格式（销售额 = 单价 × 数量）。打印机销售数量使用条件求和函数，总销售额使用求和函数计算。销售单号使用自动填充序列的方法输入，产品名称的输入应用数据验证设置。

③ 设置数据表标题格式为居中，字体为楷体，字号为 20 磅。设置正文的字体为宋体，字号为 14 磅，其中列标题字体加粗，并为表格设置合适的列宽和行高。

④ 给标题所在 A1 单元格添加背景色为“双色渐变”的填充效果，其中颜色 1 为“金色，个性色 4，淡色 60%”，颜色 2 为“金色，个性色 4，淡色 80%”。为单元格区域 A2：E2 也添加背景色，其中颜色 1 为“金色，个性色 4，淡色 80%”，颜色 2 为“白色”。

⑤ 为单元格区域 A2：E18 添加外边框和内边框线。

⑥ 利用条件格式突出显示销售额为前 3 位的单元格数据。

⑦ 选中 A2: E15 单元格区域，利用选择性粘贴功能，只复制 A2: E15 单元格区域中的数值和数字格式到新的工作表中，并将此工作表命名为“产品分类汇总”。

⑧ 在“产品分类汇总”工作表中，汇总出每类产品的总数量和总销售额。将明细数据折叠隐藏后，效果如图 4-32 所示。

	A	B	C	D	E	F
1	销售单号	产品名称	单价	数量	销售额	
5		U盘 汇总			¥ 520	
9		打印机 汇总			¥ 3,400	
12		打印机墨水 汇总			¥ 1,540	
18		电脑桌 汇总			¥ 3,920	
19		总计			¥ 9,380	
20						
21						

图 4-32 产品分类汇总结果

⑨ 把分类汇总的结果复制到新的工作表中，并将此工作表命名为“商品销售额对比”。选中此表中的数据建立图表。

⑩ 设置图表类型为“三维簇状柱形图”，标题为“商品销售额对比图”，不显示图例，添加数据标签。为图表区添加“纹理”背景，效果如图 4-33 所示。

⑪ 对此工作簿文件添加密码保存。

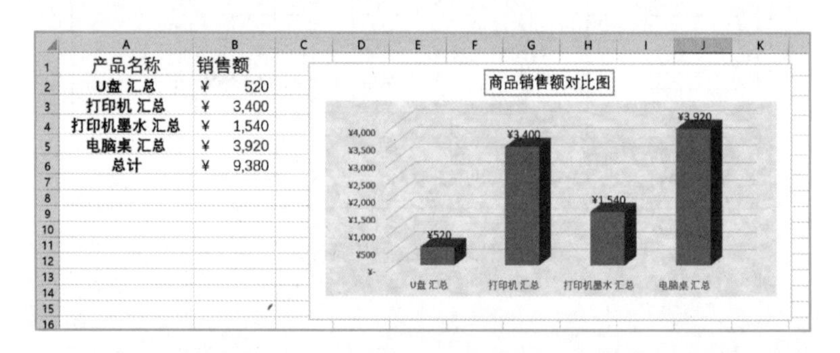

	A	B
1	产品名称	销售额
2	U盘 汇总	¥ 520
3	打印机 汇总	¥ 3,400
4	打印机墨水 汇总	¥ 1,540
5	电脑桌 汇总	¥ 3,920
6	总计	¥ 9,380

图 4-33 商品销售额对比图

项目 5

PowerPoint 2016 演示文稿应用

微课
PowerPoint 2016 简介

项 目 目 标

本项目包括 4 个实训任务：

① 制作公司简介演示文稿。

② 制作公司庆典演示文稿。

③ 制作大学生心理健康教育演示文稿。

④ 制作毕业相册演示文稿。

本项目是本课程的重要内容之一，PowerPoint 2016 专门用于设计、制作信息展示等领域（如演讲、作报告、会议演示、产品演示、商业演示等）的各种演示文稿。学会使用 PowerPoint 2016 演示文稿软件，并根据实际需要灵活运用 PowerPoint 2016 的各项功能。通过本项目的实训，根据任务的需要熟练运用 PowerPoint 2016 进行演示文稿制作。具体学习目标如下：

知识目标

① 了解 PowerPoint 2016 的工作界面，理解演示文稿、占位符、版式的概念。

② 理解演示文稿的视图方式及每种视图方式适用范围。

③ 理解幻灯片版式意义，理解幻灯片母版的类型及应用，理解模板的意义。

④ 理解动画效果的类型及应用，理解幻灯片切换作用及应用。

⑤ 理解创建超链接的意义。

⑥ 理解幻灯片放映的作用；理解排练计时和录制旁白的作用。

技能目标

① 根据任务的要求合理设计演示文稿的内容和组织结构。

② 根据需要能够快速地创建演示文稿。

③ 掌握幻灯片内容的输入和编辑。

④ 掌握幻灯片的插入、删除、复制、移动的方法。
⑤ 掌握对幻灯片中各种对象的插入与格式的设置及编辑。
⑥ 根据需要能够熟练地进行母版的编辑与修改、应用设计模板。
⑦ 能够熟练地在幻灯片中插入多媒体资源及超链接。
⑧ 能够熟练地设置动画、设置幻灯片的切换。
⑨ 能够熟练操作幻灯片放映、排练计时、录制旁白。

知 技 要 点

基本知识

1. 演示文稿、占位符、版式的概念

微课
演示文稿的基本操作

演示文稿是 PowerPoint 文档的表现方式，相当于 Word 中的文档和 Excel 中的工作簿，它由一系列组织在一起的幻灯片构成。每张幻灯片由若干个文本对象、表格对象、图片对象、组织结构对象及多媒体对象等组合而成。PowerPoint 文档的基本操作实质上就是演示文稿的基本操作，包括演示文稿的新建、保存、打开和关闭等操作。

在幻灯片中看到的虚线框就是占位符框，虚线框内的提示文字为文本占位符，在这些框内可以放置标题、正文、图片、图表和表格等对象，其本身是构成幻灯片内容的基本对象，具有自身的属性。用户可以对其中的文字进行操作，也可以对占位符本身进行大小调整、移动、复制、粘贴及删除等操作。选中某占位符后，原来的虚线框则变成实线框。

版式用于确定所包含的对象及各对象之间的位置关系。版式由占位符组成，而不同的占位符中可以放置不同的对象，如“标题和文本”占位符可以放置文字，“内容”占位符可以放置表格、图表、图片和形状等。

2. 演示文稿视图

演示文稿视图包括普通视图、大纲视图、幻灯片浏览视图、备注页视图、阅读视图。

（1）普通视图

普通视图是系统默认的视图模式。它由 3 部分构成：导航窗格（主要用于显示、编辑演示文稿的文本大纲，其中列出了演示文稿中每张幻灯片的页码、主题以及相应的要点）、幻灯片编辑窗格（主要用于显示、编辑演示文稿中幻灯片的详细内容）以及备注窗格（主要用于为对应的幻灯片添加提示信息，对使用者起备忘、提示作用）。

（2）大纲视图

大纲视图在左侧导航窗格显示幻灯片内容的主要标题和大纲，有利于更快地编辑幻灯片的内容。

（3）幻灯片浏览视图

幻灯片浏览视图以缩略图形式显示演示文稿中的所有幻灯片，在这种视图下可以进行幻灯片顺序的调整、幻灯片放映设置和幻灯片切换设置等。

（4）备注页视图

使用备注可以详尽阐述幻灯片中的要点，提示要注意的问题，以防止幻灯片文本泛滥。

（5）阅读视图

阅读视图是将演示文稿作为适应窗口大小的幻灯片放映查看。适用于不想使用全屏幻灯片放映的情况，在单独管理的窗口中可以同时放映两个演示文稿，并具有完整动画效果和完整媒体支持。

3. 母版视图

幻灯片母版是存储关于模板信息的设计模板的一个元素，这些模板信息包括字形、占位符大小、位置、背景设计和配色方案。母版是一类特殊的幻灯片，幻灯片母版控制了某些文本特征如字体、字号、字型和文本的颜色；还控制了背景色和某些特殊效果如阴影和项目符号样式。使用幻灯片母版可以做到整个演示文稿格式统一，减轻工作量，提高工作效率。母版视图包括幻灯片母版、讲义母版和备注母版 3 种类型。

① 幻灯片母版。幻灯片母版是最常用的母版版式，幻灯片中的格式及其他内容都可以在母版中进行设置。

② 讲义母版。讲义母版可以用来控制讲义的打印格式，利用讲义母版可以将多张幻灯片汇集在一张幻灯片中以便打印。

③ 备注母版。备注母版用来为演示者演示文稿进行提示和参考，并可以单独打印出来。备注母版还可用来设置备注的格式，使大部分备注具有统一的外观。

4. 动画效果

幻灯片的动画效果是指在放映幻灯片时，各个对象不是一次全部显示，而是按照设置的顺序，以动画的方式依次显示。PowerPoint 2016 中有以下 4 种不同类型的动画效果：

①“进入”效果。可以将对象设置成逐渐淡入幻灯片、从边缘飞入幻灯片或者跳入等效果。

②“退出”效果。可以将对象设置成飞出幻灯片、从视图中消失或从幻灯片旋出等效果。

③“强调”效果。可以将对象设置成缩小或放大、更改颜色或沿着其中心旋转等效果。

④“动作路径”效果。可以将对象设置成上下移动、左右移动或者沿着星形或圆形路径移动等效果。

可以单独使用任何一种动画效果，也可以将多种动画效果组合在一起。例如，可以对一个文本设置“飞入”进入效果及“陀螺旋”强调效果，使它进入时旋转起来。

5. 创建超链接

演示文稿在播放时，默认情况下是按幻灯片的先后顺序放映，也可以在幻灯片中设计一种链接方式，单击某一对象时能够跳转到预先设定的任意一张幻灯片、其他演示文稿、Word 文档、其他文件或 Web 页。

幻灯片中的任何对象（文本或图形）都可以创建超链接。激活超链接的动作可以是“单击鼠标”或“鼠标移过”，还可以把两个不同的动作指定给同一个对象，如使用鼠标单击激活一个超链接，使用鼠标移动激活另一个超链接。在幻灯片中添加超链接有设置动作按钮和通过将某个对象作为超链接点两种方式。代表超链接的文本会添加下画线，并显示配色方案指定的颜色，从超链接跳转到其他位置后，颜色就会改变，这样就可以通过颜色来分辨访问过的链接。

6. 幻灯片切换效果

幻灯片的切换是指从一张幻灯片变换到另一张幻灯片的过程，是向幻灯片添加视觉效果的另一种方式，也称为换页。如果没有设置幻灯片切换效果，则放映时单击鼠标会直接显示下一张。

而幻灯片切换效果是在演示期间从一张幻灯片移到下一张幻灯片时在幻灯片放映时出现的动画效果，可以控制切换效果的速度、添加声音，还可以对切换效果的属性进行自定义设置。

7. 幻灯片放映

需要自动放映演示文稿时，或其他人从 Internet 上直接访问演示文稿时，可以在放映演示文稿时添加旁白。旁白是指演讲者对演示文稿的解释，是在播放幻灯片的过程中可以同时播放的声音，要想录制和收听旁白，要求计算机要有声卡、扬声器和话筒。

如果对幻灯片的整体放映时间难以把握，或者是有旁白幻灯片的放映，或者是每隔一定时间进行自动切换的幻灯片，这时采用排练计时功能来设置演示文稿的自动放映时间就非常有用。

 基本技能

1. 设置字体格式

文本是幻灯片的主要内容，文字的颜色和样式的设置会使幻灯片更具有观赏性，且更加形象。

单击幻灯片中的文本占位符或选中所需设置的文本内容，在“开始”选项卡的“字体”组中，单击“字体”下拉按钮，在打开的“字体”下拉列表中，选择合适的字体、字号、字型、颜色和形状样式等。

2. 设置段落格式

段落是由多行文本组成，段落格式包括行距、段落对齐、段落缩进及段落间距设置等。掌握了幻灯片的段落格式设置方法后，就可以为整个演示文稿设置风格相适应的段落格式。

选中文本占位符，在“开始”选项卡的“段落”组中，单击有关的按钮，进行有关段落格式的设置。

3. 幻灯片的管理

在“视图”选项卡的“演示文稿视图”组中，单击“幻灯片浏览”按钮，在幻灯片浏览视图中，用户可以方便地对幻灯片进行移动、复制、删除等各项操作。也可在“普通视图”下左侧的缩略窗格进行操作。

微课
幻灯片的基本操作

（1）选定幻灯片

选定一张幻灯片：单击某一张幻灯片。

选择多张不连续的幻灯片：按 Ctrl 键再单击要选择的幻灯片。

选择多张连续的幻灯片：单击要选择的第 1 张幻灯片，按 Shift 键，再单击最后一张幻灯片。

选中所有幻灯片：按 Ctrl+A 组合键。

（2）插入幻灯片

选定一张幻灯片，单击“开始”选项卡“幻灯片”组中的“新建幻灯片”按钮，或按 Ctrl+M 组合键，即在选定幻灯片后插入与上一张幻灯片同样版式的一张空幻灯片。单击“开始”选项卡“幻灯片”组中的“新建幻灯片”下拉按钮，选择需要的幻灯片版式，即在选定幻灯片后新建一张所需版式的空幻灯片。

（3）复制幻灯片

方法 1：菜单命令操作。

① 在普通视图或幻灯片浏览视图中，右击选定的幻灯片，在弹出的快捷菜单中选择“复制”

命令。

② 选定要粘贴的位置，如选定第 4 张幻灯片后右击，然后从弹出的快捷菜单中选择“粘贴”命令，即在第 4 张幻灯片之后插入复制的幻灯片。

方法 2：使用剪贴板操作。

① 选定需要复制的幻灯片，在“开始”选项卡的“剪贴板”组中单击“复制”按钮。

② 选定要粘贴的位置，在“开始”选项卡的“剪贴板”组中单击“粘贴”按钮，在当前选定的幻灯片之后插入复制的幻灯片。

方法 3：鼠标操作。

在幻灯片浏览视图中，选定要复制的幻灯片，按 Ctrl 键拖动到目标处（注意：两张幻灯片之间有一个插入点），复制生成的幻灯片在鼠标指向的幻灯片后面。

（4）移动幻灯片

方法 1：菜单命令操作。

① 在普通视图或幻灯片浏览视图中，右击选定的幻灯片，在弹出的快捷菜单中选择“剪切”命令。

② 选定要粘贴的位置，如选定第 4 张幻灯片并右击，然后在弹出的快捷菜单选择“粘贴”命令，即在第 4 张幻灯片之后插入移动的幻灯片。

方法 2：使用剪贴板操作。

① 选择幻灯片，在“开始”选项卡的“剪贴板”组中，单击“剪切”按钮。

② 选定要粘贴的位置，在“开始”选项卡的“剪贴板”组中，单击“粘贴”按钮，即在当前选定的幻灯片之后插入移动的幻灯片。

方法 3：鼠标操作。

在幻灯片浏览视图中，选定要移动的幻灯片，拖动到目标处（注意：两张幻灯片之间有一个插入点）即可。

（5）删除幻灯片

选中要删除的幻灯片，按 Delete 键即可。

4. 设置主题

（1）使用内置主题效果

PowerPoint 提供了多种内置的主题效果，可以直接选择内置的主题效果为演示文稿设置统一的外观。如果对内置的主题效果不满意，可在线使用其他主题，或使用内置的其他颜色、主题字体和主题效果等。

微课
主题的使用

在“设计”选项卡的“主题”组中，单击“其他”按钮，在“内置”主题列表中单击要选择的主题，应用主题中已设定好的字体、字号、背景等格式。

（2）自定义主题

根据自己的需要设计不同风格的主题效果，则可以自定义应用主题。在“设计”选项卡的“主题”组中，单击“颜色”下拉按钮，在弹出的下拉列表中选择颜色方案或新建主题颜色，同样可修改主题字体、主题效果。

5. 母版的运用

可以利用幻灯片母版为演示文稿设置统一的风格，用于设置演示文稿中每张幻灯片的预设格式。进入幻灯片母版视图后，就可以对该母版进行修改，如在母版中添加图片、绘制图形对象、

微课
母版的使用

设置文本格式、设置项目符号和更改背景等，这些操作会影响所有基于该母版的演示文稿幻灯片。

（1）幻灯片母版

最常用的母版是幻灯片母版。演示文稿中除标题幻灯片外，其余的大部分幻灯片都可以用幻灯片母版来设置。

在“视图”选项卡的“母版视图”组中，单击“幻灯片母版”按钮，打开“幻灯片母版”视图，在此视图下的左侧导航窗格中，第 1 张母版叫幻灯片母版，可进行幻灯片样式的设计和修改。设计结束后单击“关闭”组中的“关闭母版视图”按钮，设计的幻灯片母版样式即应用在除标题幻灯片外的所有幻灯片中。

（2）标题母版

标题母版专门用于为标题幻灯片设置格式。标题幻灯片通常会有别于其他的幻灯片样式。可对标题母版进行插入图片、改变字体格式等设置。

在“幻灯片母版”视图方式下的左侧窗格中，第 2 张母版“标题幻灯片 版式”即为标题母版，设计和修改只对标题幻灯片起作用。

6. 切换演示文稿视图

在实际工作中，需要切换视图方式时，单击“视图”选项卡的“演示文稿视图”组中不同的视图按钮即可。在幻灯片浏览视图下，双击某一选定的幻灯片缩略图可以切换到显示此幻灯片的普通视图模式。

7. 设置幻灯片切换效果

在“切换”选项卡的“切换到此幻灯片”组中，单击“其他”下拉按钮，在弹出的下拉列表中选择需要的切换效果，单击“计时”组中的“全部应用”按钮。则全部幻灯片放映时都应用所选择的切换效果。

8. 设置动画

用户可以使用预定义的动画方案，也可以自定义动画，为幻灯片中的不同对象添加动画效果。

微课
设置自定义动画

在“动画”选项卡的“动画”组中，可以选择所需的动画效果，可设置不同的效果选项，以达到满意的效果。

设置动画的起始条件：单击时、与上一动画同时、上一动画之后。还可以利用“触发器”来启动动画。设置了触发器功能之后，在放映相应幻灯片时，若鼠标指针指向上述按钮，则变成手形，单击一下，即可开始播放设置的动画效果。利用触发器的功能可以让动画在人们需要时出现，也可以在不需要时消失。

9. 插入声音和视频

微课
插入声音和视频

在制作演示文稿时，可以插入声音和视频，使其变得有声有色，更具有感染力。

在“插入”选项卡的“媒体”组中，单击“视频”下拉按钮，在弹出的下拉列表中选择“PC 上的视频”选项，打开“插入视频文件”对话框，选择所需要文件后单击“插入”按钮，即可插入视频。声音的插入与此过程类似。还可设置声音播放选项及设置影片效果。

10. 切换定位幻灯片、隐藏和显示幻灯片

（1）切换定位至第 n 张幻灯片

在进行演示文稿的放映时，可以根据需要切换到指定的幻灯片中。

方法 1：在放映的幻灯片中右击，在弹出的快捷菜单中选择“定位至幻灯片”命令，然后选择其级联菜单中的要切换到的第 n 张幻灯片即可。

方法 2：在放映状态下按相应数字键，按 Enter 键后即定位至所需的幻灯片上。

（2）隐藏和显示幻灯片

在演示文稿中，如果在放映幻灯片时不需要显示该幻灯片，除了进行自定义幻灯片的放映方式设置外，还可以将需要放映的幻灯片进行隐藏。

如果用户需要对演示文稿中的幻灯片进行隐藏或显示，右击选中需要隐藏或显示的幻灯片，在弹出的快捷菜单中选择“隐藏幻灯片”命令即可。

11. 自定义放映

针对不同的场合或观众，可以为演示文稿进行自定义设置，设置放映内容或调整幻灯片放映的顺序。

在“幻灯片放映”选项卡的“开始放映幻灯片”组中，单击“自定义幻灯片放映”下拉按钮；在弹出的下拉列表中选择“自定义放映”选项，在打开的“自定义放映”对话框中单击“新建”按钮，打开“定义自定义放映”对话框；在“在演示文稿中的幻灯片”列表框中，选择要放映的第 1 张幻灯片，单击“添加”按钮，选定的幻灯片即被添加到“在自定义放映中的幻灯片”列表框中。重复上述操作，添加其他幻灯片。添加完毕，单击“确定”按钮。单击“自定义幻灯片放映”下拉按钮，在其列表中选择所建的自定义放映的演示文稿，即开始放映自定义的演示文稿。

12. 放映幻灯片

（1）从头开始放映

按 F5 键，或在“幻灯片放映”选项卡的“开始放映幻灯片”组中，单击“从头开始”按钮。

微课
设置幻灯片放映

（2）从当前幻灯片开始放映

切换至第 n 张幻灯片，在“幻灯片放映”选项卡的“开始放映幻灯片”组中，单击“从当前幻灯片开始”按钮；或单击窗格右下方视图按钮中的“幻灯片放映”按钮。

实训任务 5.1　制作公司简介演示文稿

 实训目的

① 掌握演示文稿的建立、保存方法。

② 能够设置幻灯片的字体、段落格式。

③ 掌握幻灯片内容的输入、编辑操作方法。

④ 能够根据内容选择合适的版式。

⑤ 掌握在幻灯片中插入图表、SmartArt 图形、插入图片、形状的方法。

⑥ 掌握幻灯片的复制、移动等操作方法。

 实训内容与要求

按照以下要求制作公司简介演示文稿。

① 新建空白演示文稿，在第 1 张幻灯片中插入背景图片和左上角及文字下方的光效图片，并调整图片至合适的位置。

② 在第 1 张幻灯片中插入文本框，输入相关的文字，设置“北京科技中心”字体为微软雅黑、字号为 54 磅，“公司简介”为 48 磅，颜色为白色。插入“公司简介”左右侧的直线。插入基本形状中的“同心圆”。

③ 新建第 2 张幻灯片。在第 2 张幻灯片中插入形状为平行四边形，然后调整黄色控点至合适的位置，填充与主题相符合的颜色。然后复制 2 个平行四边形，调整其大小和位置，设置其填充颜色，插入图片并调整其位置。

④ 选择第 2 张幻灯片，输入相关的文本，并设置文本的格式。

⑤ 编辑第 3 张幻灯片。在第 3 张幻灯片中插入 SmartArt 图形，选择“矩阵”类型中的“基本矩阵”图形。输入有关的文本，设置图形的填充颜色。

⑥ 编辑第 4 张幻灯片。插入图表，选择“饼图”类型下的“圆环图”，数据见表 5-1。

表 5-1 科技人员结构数据

职称	人员数量
高级工程师	165
工程师	560
助理工程师	356

⑦ 编辑第 5 张幻灯片，插入 SmartArt 图形和图片。

⑧ 编辑第 6 张幻灯片，插入图片和输入相关的文本，设置文本格式。

⑨ 将此演示文稿保存在桌面上，文件名为“公司简介”。

⑩ 实训结果如图 5-1 所示。

图 5-1 “公司简介”效果图

实训步骤与指导

① 新建空白演示文稿，选择第 1 张幻灯片，在“插入”选项卡的“图像”组中，单击“图片”按钮，插入背景图片，调整其大小和位置。插入光效图片，并调整图片至合适的位置。

② 在第 1 张幻灯片中插入文本框，输入相关的文字，设置“北京科技中心”字体为微软雅黑、字号为 60 磅，“公司简介”字号为 48 磅、颜色为白色。插入“公司简介”左右侧的直线。插入基本形状中的“同心圆”，然后调整黄色控制点改变同心圆的大小。设置其形状填充为“无填充”，设置其形状轮廓颜色为 RGB 模式（255，217，100）。

③ 新建第 2 张幻灯片。插入幻灯片上端的图片并调整其位置和大小，插入文本框，输入“公司概况”，字体为微软雅黑，字号为 54 磅，颜色为白色。

④ 复制幻灯片。在导航窗格选择第 2 张幻灯片，右击，在弹出的快捷菜单中选择“复制幻灯片”命令，操作 4 次，复制出第 3 张 ~ 第 6 张幻灯片，把“公司概况”修改为对应的标题文本。

⑤ 选择第 2 张幻灯片，输入相关的文本，并设置文本的格式。插入相应的图标和文本框。

⑥ 编辑第 3 张幻灯片。在第 3 张幻灯片左侧插入图片。然后插入 SmartArt 图形，选择“矩阵”类型中的“基本矩阵”图形，输入有关的文本。可以单击选中某一形状，然后在“SmartArt 工具—格式”选项卡“形状样式”组中，单击“形状填充”按钮设置图形的填充颜色。

⑦ 编辑第 4 张幻灯片。在文本栏中单击“插入图表”按钮，打开“插入图表”对话框，选择“饼图”类型下的“圆环图”图形，单击“确定”按钮。在打开的带有数据表的 Excel 工作表中，按实际数据修改原数据表。圆环图中的数据即自动完成更新。关闭打开的 Excel 应用程序窗口，返回幻灯片编辑状态。设置合适的图表样式，可更改圆环的填充颜色。

⑧ 编辑第 5 张幻灯片。在文本栏中单击“SmartArt”按钮，打开“选择 SmartArt 图形”对话框，在左侧的类型列表中选择“层次结构”图形，再选择左侧具体图形，单击“确定”按钮。然后调整形状至符合要求，输入有关的文本。

⑨ 编辑第 6 张幻灯片。插入图片和输入相关的文本，设置文本格式。

⑩ 将此演示文稿保存在桌面上，文件名为“公司简介”。

实训任务 5.2　制作公司庆典演示文稿

实训目的

① 掌握幻灯片母版的设置方法。

② 掌握幻灯片母版对文本格式设置方法。

③ 掌握模板的保存、模板的应用方法。

④ 掌握在幻灯片母版下插入页眉、页脚的方法。

⑤ 掌握幻灯片内容的输入、编辑操作。

实训内容与要求

按照以下指定要求制作公司产品展示的演示文稿。

① 在幻灯片母版视图下，选择第 1 张“Office 主题 幻灯片母版”版式，插入页面顶端的图片，设置标题占位符中的文字为微软雅黑、28 磅，颜色为红色。插入红色边框装饰标题文字。

② 在幻灯片母版视图下，选择第 2 张“标题幻灯片”版式，用背景图片填充背景。

③ 在每张幻灯片页脚位置插入公司名称、幻灯片编号。

④ 关闭幻灯片母版视图，切换至普通视图，将文件另存为“公司庆典 .potx”。

⑤ 打开已建好的演示文稿或新建演示文稿，应用“公司庆典 .potx”模板。

⑥ 封面页幻灯片、目录页幻灯片和封底页幻灯片应用“标题幻灯片”版式，内页应用“Office 主题 幻灯片母版”版式。

⑦ 输入有关幻灯片的内容和插入相关的图片素材，将创建好的演示文稿另存为“公司 10

周年庆典 .pptx”。

⑧ 实训结果如图 5-2 所示。

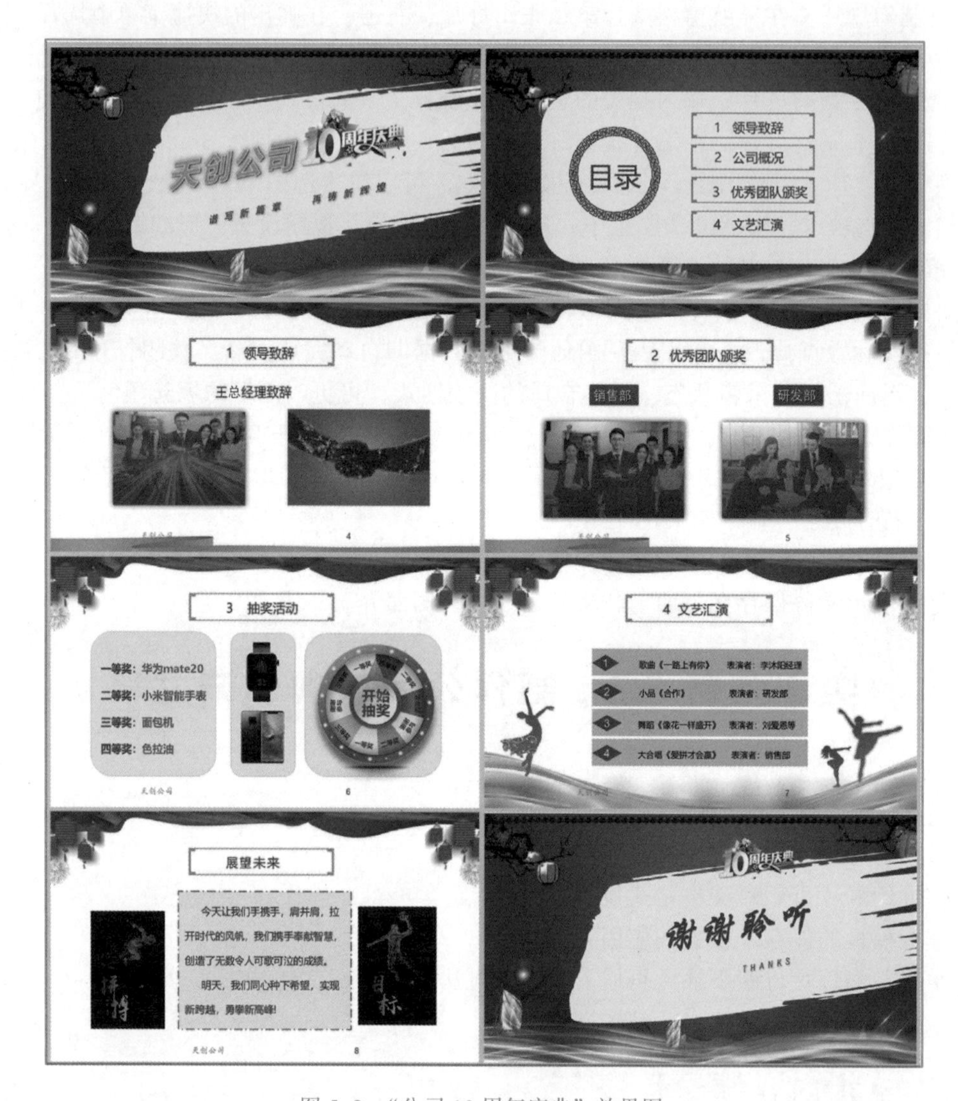

图 5-2 “公司 10 周年庆典”效果图

 实训步骤与指导

① 设置幻灯片母版。新建演示文稿，在“视图”选项卡的“母版视图”组中，单击“幻灯片母版”按钮。单击左侧导航窗格第 1 张选中幻灯片母版，选择第 1 张“Office 主题 幻灯片母版”版式，插入页面顶端的图片，单击“插入”选项卡“图像”组中的“图片”按钮，插入图片“3 内页背景 .png”，调整其大小并移动至合适位置，设置标题占位符中的文字为微软雅黑、28 磅，红色。插入红色边框图片“2 边框 .png”，并居中显示用以装饰标题文字，移动标题占位符至合适的位置，如图 5-3 所示。根据需要设置文本区的一级文字格式。

② 设置标题幻灯片母版。在左侧导航窗格单击第 2 张“标题幻灯片”版式，在幻灯片空白

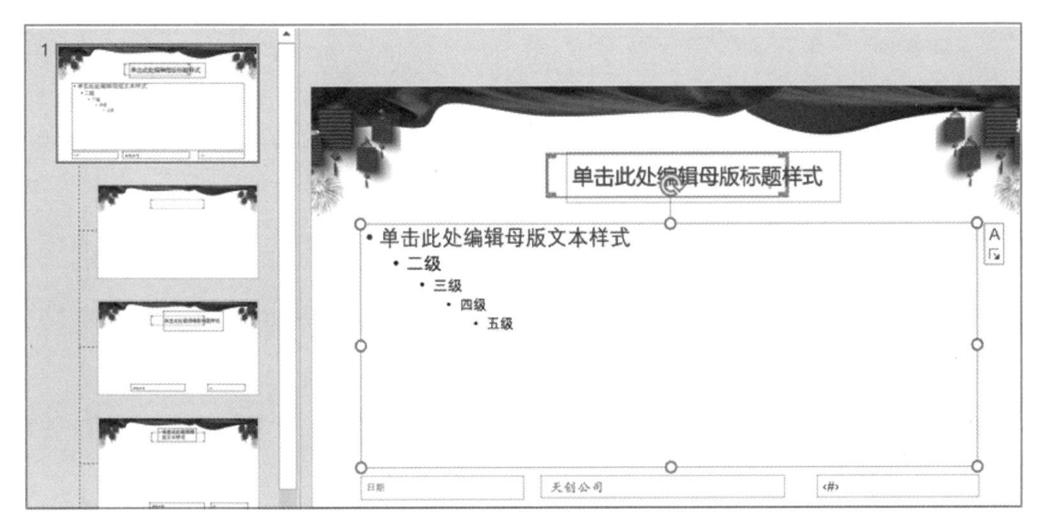

图 5-3　设置“Office 主题 幻灯片母版”版式

位置右击，在弹出的快捷菜单中选择“设置背景格式”命令（或在“幻灯片母版”选项卡中，单击“背景”组中的“背景样式”按钮，在弹出的下拉列表中选择“设置背景格式”选项），窗口右侧显示“设置背景格式”任务窗格，如图 5-4 所示。在“填充”选项下选中“图片或纹理填充”单选按钮，单击“插入”按钮，再单击“文件”按钮，插入“1 封面背景 .png”文件。在“幻灯片母版”选项卡“背景”组中，选中“隐藏背景图形”复选框，这样“Office 主题 幻灯片母版”版式中的设置就隐藏，不再显示。

删除“标题幻灯片版式”的标题占位符和副标题占位符。

③ 在“插入”选项卡的“文本”组中，单击“页眉和页脚”按钮，打开“页眉和页脚”对话框，进行有关的设置，如图 5-5 所示，单击“全部应用”按钮。

小技巧

为演示文稿添加公司 Logo：制作演示文稿时，需要每一页都加上公司的 Logo。单击“视图”选项卡“母版视图”组中的“幻灯片母版”按钮，在幻灯片母版视图中，将 Logo 插入到第 1 张“Office 主题 幻灯片母版”合适的位置上，关闭母版视图返回到普通视图后，就可以看到在每一页幻灯片上都加上了 Logo，而且在普通视图上也无法改动它们。如果读者应用的模板上出现无法修改或删除的对象，要在幻灯片母版下进行相应的修改。

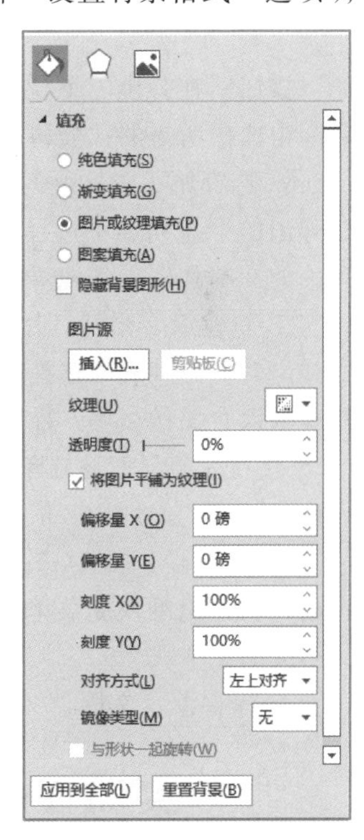

图 5-4　“设置背景格式”选项

④ 关闭幻灯片母版视图，选择“文件”选项卡，选择“另存为”命令，打开“另存为”对话框；在“保存类型”下拉列表中选择“PowerPoint 模板”选项，按要求将该演示文稿保存为模板文件，文件名为“公司庆典 .potx”。

⑤ 新建演示文稿，应用“公司庆典 .potx”模板，在“设计”选项卡的“主题”组中，单击“其

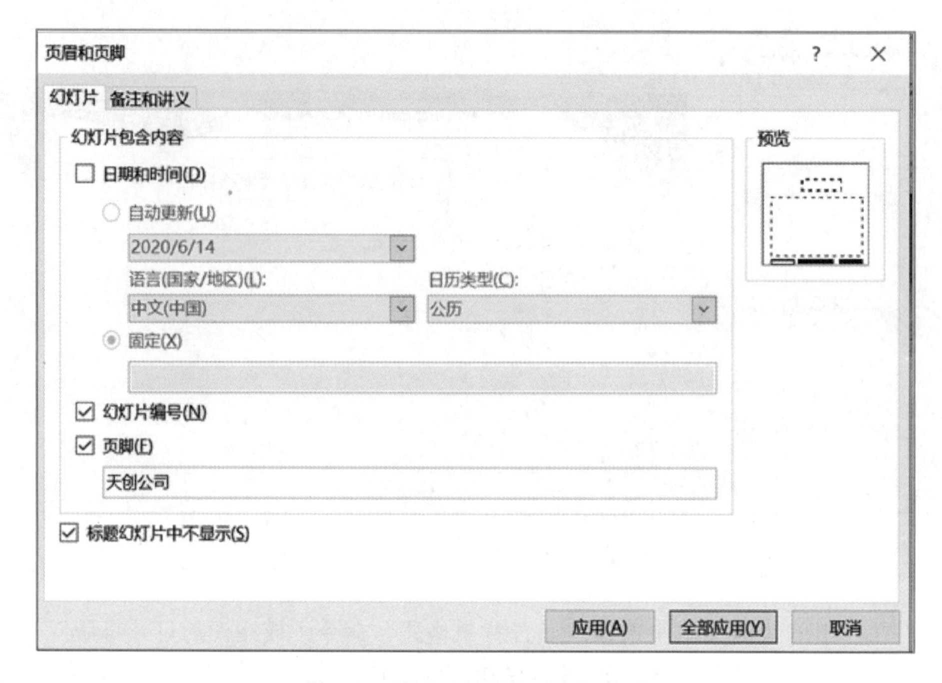

图 5-5 设置“页眉和页脚”选项

他”按钮，在弹出的下拉列表中选择“浏览主题”选项，在打开的“选择主题或主题文档”对话框中选择所需的“公司庆典 .potx”，单击“应用”按钮即可。

⑥ 选择第 1 张标题幻灯片，在“开始”选项卡的“幻灯片”组中，单击“版式”下拉按钮，在弹出的下拉列表中选择“标题幻灯片”版式，插入“1 笔刷 .png”图片，调整其位置。输入有关的文本和插入其他对象，设置有关的格式。

⑦ 新建第 2 张幻灯片，单击“开始”选项卡的“幻灯片”组中的“新建幻灯片”下拉按钮，在弹出的下拉列表中选择“标题幻灯片”版式，插入一个圆角矩形，调整其大小，填充颜色为白色，然后输入有关的文本，插入有关的图片和边框。

⑧ 在左侧导航窗格单击第 2 张幻灯片，按 5 次 Enter 键自动生成第 3 张 ~ 第 7 张“标题和内容”版式的幻灯片。依次输入有关的文本和插入有关的对象。

⑨ 选择第 1 张幻灯片，右击，在弹出的快捷菜单中选择“复制”命令，选择第 7 张幻灯片，右击，在弹出的快捷菜单中选择“粘贴”命令，在第 7 张幻灯片后生成第 8 张幻灯片，然后输入有关的文本。

⑩ 保存演示文稿，文件名为“公司 10 周年庆典 .pptx”。

实训任务 5.3 制作大学生心理健康教育演示文稿

 实训目的

① 掌握根据对象合理设置动画的方法。

② 能够根据需要设置超链接。

③ 掌握插入音频的操作方法。

④ 能够设置幻灯片的切换。

实训内容与要求

按照以下要求制作大学生心理健康教育演示文稿。

① 在第 1 张幻灯片中插入背景音乐“和谐”。

② 设置第 1 张幻灯片中的文本“大学生心理健康”的进入动画为“劈裂”,“开始”项设置为“与上一动画同时”,设置延迟时间为 0.25 s。设置直线和矩形为进入动画的“浮入”,效果为“上浮”,“开始”项设置为“与上一动画同时”,设置延迟时间为 0.5 s。设置文本“心的健康 新的自己”为进入动画的“擦除”,效果为“自左侧”,“开始”项设置为“与上一动画同时”,设置延迟时间为 0.75 s。设置文字“汇报人:张晓燕”动画的“浮入”,效果为“上浮”,“开始”项设置为“与上一动画同时”,设置延迟时间为 1 s。

③ 将第 2 张幻灯片“目录”设置为进入动画的“淡化”效果,“开始”项设置为“上一动画之后”。为“目录”添加强调动画为“波浪形”,“开始”项设置为“与上一动画同时”。设置直线为进入动画的“擦除”,效果为“自左侧”,“开始”项设置为“上一动画之后”。分别设置目录序号及目录内容为进入动画的“曲线向上”,“开始”项设置为“上一动画之后”。

④ 将其他幻灯片中的对象设置合适的动画效果。

⑤ 设置第 2 张幻灯片的文本“心理健康定义”“大学生心理健康现状”“大学生心理不健康类型”“缓解心理压力的方法”“珍惜生命 关爱自我”分别超链接到第 3 张 ~ 第 8 张幻灯片。

⑥ 设置第 1 张幻灯片切换方式为华丽组“涡流”效果,设置第 2 张幻灯片切换方式为华丽组“涟漪”效果,设置第 3 张 ~ 第 8 张幻灯片的切换方式为华丽组“页面卷曲”效果。

⑦ 保存此演示文稿在桌面上,文件名为“大学生心理健康教育 .pptx”。

⑧ 放映演示文稿,观看动画效果。

⑨ 实训结果如图 5-6 所示。

实训步骤与指导

① 选择第 1 张幻灯片,在“插入”选项卡中,单击“媒体”组中的“音频”下拉按钮,在弹出的下拉列表中选择“PC 上的音频”命令,插入音频文件“和谐 .mp3”,单击“插入”按钮,预览效果。第 1 张幻灯片上插入该文件,为避免影响幻灯片播放,可将“小喇叭”图标拖动到幻灯片外的位置。

② 选择第 1 张幻灯片中的文本“大学生心理健康”,在“动画”选项卡中单击“高级动画”组中的“添加动画”下拉按钮,在弹出的下拉列表中选择“进入”组中的“劈裂”选项,“开始”项设置为“与上一动画同时”,设置延迟时间为 0.25 s。同时选择直线和矩形,在“动画”选项卡中单击“高级动画”组中的“添加动画”下拉按钮,在弹出的下拉列表中选择“进入”组中的“浮入”选项,在“效果选项”下拉列表中选择“上浮”,“开始”项设置为“与上一动画同时”,设置延迟时间为 0.5 s。选择文本“心的健康 新的自己”,在“动画”选项卡中单击“高级动画”组中的“添加动画”下拉按钮,在弹出的下拉列表中选择“进入”组中的“擦除”选项,在“效果选项”下拉列表中选择“自左侧”,“开始”项设置为“与上一动画同时”,设置延迟时间为 0.75 s。选择“汇报人:张晓燕”,在“动画”选项卡中单击“高级动画”组中的“添加动画”下拉按钮,

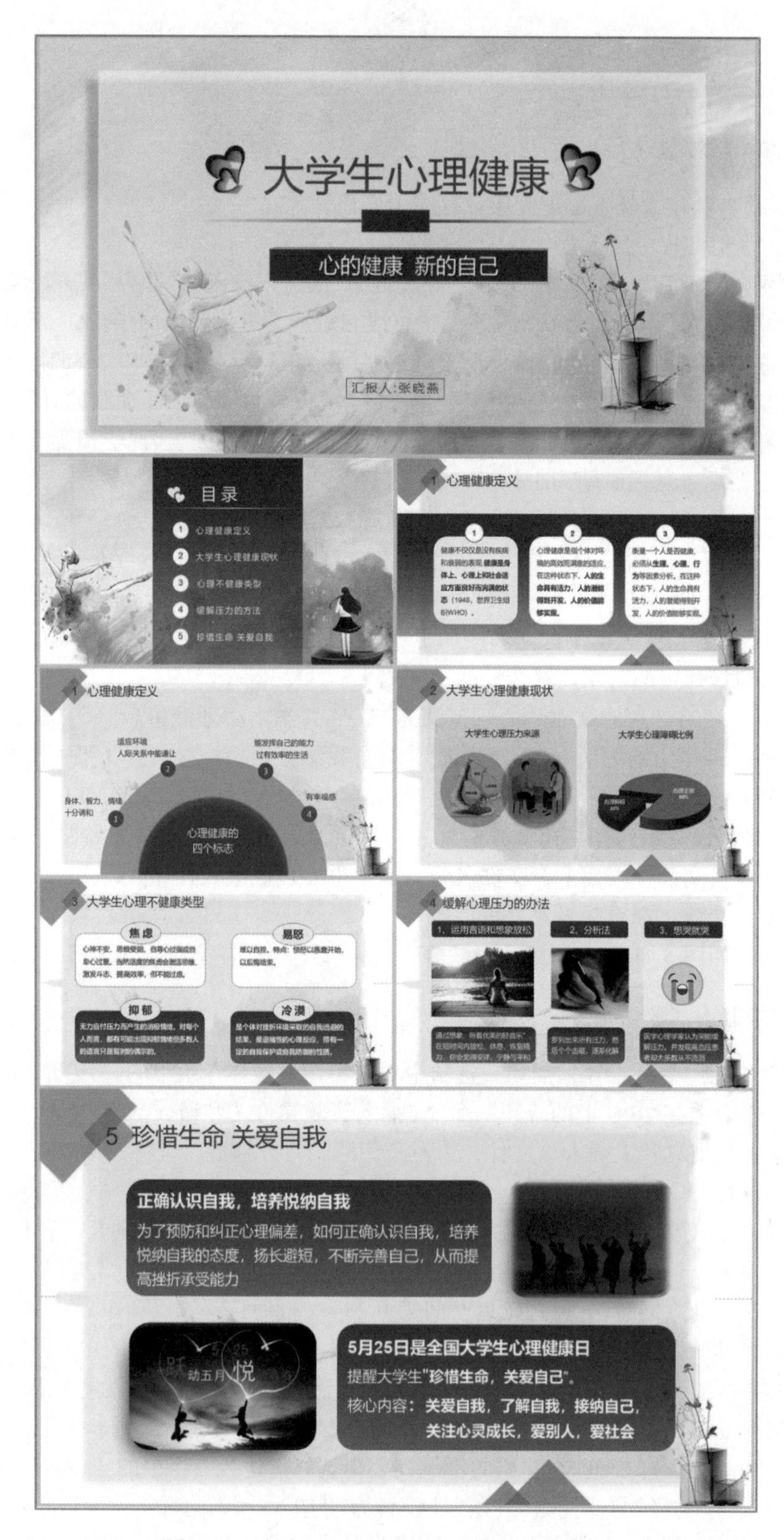

图 5-6 “大学生心理健康教育”演示文稿效果图

在弹出的下拉列表中选择“进入”组中的“浮入”选项,在“效果选项”下拉列表中选择“上浮”,“开始”项设置为“与上一动画同时”,设置延迟时间为 1 s。

③ 选择“目录”文字,在“动画”选项卡中单击“高级动画”组中的“添加动画”下拉按钮,在弹出的下拉列表中选择“进入”组中的“淡出”选项,“开始”项设置为“上一动画之后”。单击“高级动画”组中的“添加动画”下拉按钮,在弹出的下拉列表中选择“强调”组中的“波浪形”选项,“开始”项设置为“与上一动画同时”,此时预览动画可看到“目录”文字已添加了两个动画效果。选择“目录”下的直线,单击“高级动画”组中的“添加动画”下拉按钮,在弹出的下拉列表中选择“进入”组中的“擦除”选项,在“效果选项”下拉列表中选择“自左侧”,“开始”项设置为“上一动画之后”。分别选择目录序号 1 及文本“心理健康定义”,设置为“进入”动画组中的“曲线向上”效果,“开始”项设置为“上一动画之后”。选择已设置好动画的文本,双击“动画刷”按钮,设置其他序号及目录的动画。设置好所有的动画后,再次单击“动画刷”按钮,取消“动画刷”的使用。

④ 选中其他对象,根据需要设置合理的动画效果。

小技巧

调整动画顺序:设置动画后会发现在幻灯片对象旁边多出了几个数字标记,这些标记被用来指示动画的顺序。在右侧的“动画窗格”中选中要调整顺序的动画,直接拖动或单击“重新排序”两侧的方向箭头按钮即可。

⑤ 选定“心理健康定义”文本,在“插入”选项卡的“链接”组中,单击“超链接”按钮,打开“超链接”对话框,选择“本文档中的位置”选项,选择要链接到的幻灯片“3. 幻灯片 3”,单击“确定”按钮。分别选择其他要链接的文本,用同样方法设置文本的超链接。

⑥ 选择第 1 张幻灯片,在“切换”选项卡中,单击“切换到此幻灯片”组中的“其他”下拉按钮,在弹出的下拉列表中选择“华丽型”组的“涡流”效果。选择第 2 张幻灯片,设置为“华丽型”组的“涟漪”效果。单击第 2 张幻灯片,然后按 Shift 键的同时单击第 8 张幻灯片,设置幻灯片切换效果为“华丽型”组中的“页面卷曲”效果。

⑦ 保存演示文稿。

⑧ 放映演示文稿,根据实际情况灵活调整动画的设置及顺序等。

实训任务 5.4　制作毕业相册演示文稿

实训目的

① 能够设置幻灯片放映方式。

② 能够录制旁白、设置排练时间。

③ 掌握演示文稿打包成 CD 的方法。

④ 掌握自动放映类型的保存方法。

实训内容与要求

按照以下指定要求制作致青春毕业相册演示文稿。

拓展阅读

微立体效果制作步骤

① 根据演示文稿的内容需要，录制旁白，并保存旁白。“从头开始”放映幻灯片。

② 设置幻灯片的放映方式，放映类型为“在展台浏览”，换片方式为“如果存在排练时间，则使用它”，然后“从头开始”放映幻灯片。

③ 在放映中切换到第 5 张幻灯片。

④ 将该演示文稿打包。

⑤ 将此演示文稿保存为“毕业相册 .ppsx”，并打开放映该文件。

⑥ 实训结果如图 5-7 所示。

图 5-7 “青春不散场毕业相册”演示文稿效果图

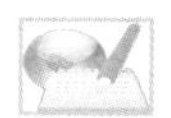

实训步骤与指导

① 选择“幻灯片放映”选项卡，单击“设置”组中的“录制幻灯片演示”下拉按钮，在弹出的下拉列表中选择“从头开始录制”选项。在打开的“录制幻灯片演示”对话框中，单击“开始录制”按钮，即可从头开始进行旁白的录制操作。录制完毕后，在每张幻灯片右下角自动显示喇叭图标。

② 选择“幻灯片放映”选项卡，单击“设置”组中的“设置幻灯片放映”按钮，打开“设置放映方式”对话框，进行设置，如图 5-8 所示。按 F5 键或在“幻灯片放映”选项卡的“开始放映幻灯片”组中单击“从头开始”按钮。

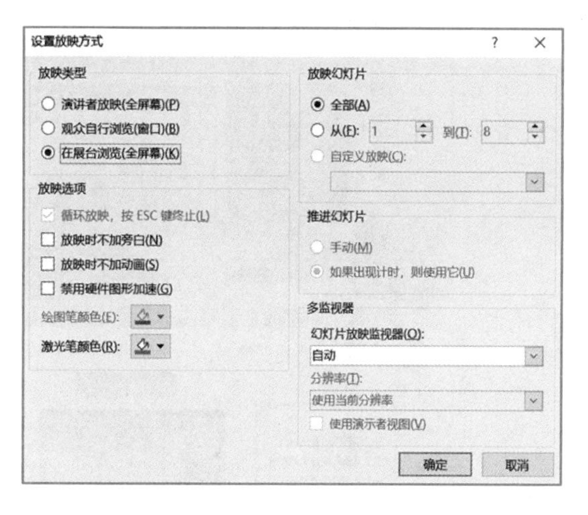

图 5-8 “设置放映方式”对话框

③ 在放映中按数字 5 键，再按 Enter 键即可放映第 5 张幻灯片。

④ 选择“文件”选项卡，选择“导出”命令，选择“将演示文稿打包成 CD”选项，在右窗格中单击“打包成 CD”按钮后进行有关设置。

⑤ 选择“文件”选项卡，选择“另存为”命令，在打开的“另存为”对话框中设置保存类型为“PowerPoint 放映”，输入文件名为“毕业相册”，单击“保存”按钮。

拓展实训任务

制作中国名山——五岳简介演示文稿

实训内容

制作中国名山——五岳简介演示文稿，效果如图 5-9 所示。

操作要求

① 收集整理演示文稿需要的图片、音频、视频等有关的素材，搜集演示文稿有关的文本资料，并根据内容设置不同的版式。

② 输入幻灯片的内容，插入图片等对象，设置相关的格式。

③ 根据对象的不同加上合适的动画。

④ 为所有幻灯片插入合适的音频文件“桃源仙居”作为背景音乐。

⑤ 在第 5 张幻灯片中插入泰山旅游风景的视频，设置全屏播放，并设置合适的海报框架，设置播放淡入为 0.5 s，淡出为 0.75 s。

⑥ 在第 2 张幻灯片根据内容制作目录，并加入超链接。

⑦ 修改幻灯片母版并应用母版，在幻灯片母版中插入幻灯片编号。

图 5-9 “中国名山——五岳”简介演示文稿效果图

⑧ 为幻灯片中的对象设置合理的动画效果。

⑨ 在演示文稿中录制旁白。

⑩ 设置幻灯片的放映方式。

⑪ 设置自定义幻灯片放映。

⑫ 保存并放映演示文稿。

项目 6

计算机互联网应用

项 目 目 标

本项目实训包括 4 个实训任务：

① 下载软件并安装。

② 网络资源搜索。

③ 使用电子邮箱。

④ 在 Outlook 2016 中添加新用户。

通过本项目的学习，掌握计算机网络的基本知识，学习使用网络资源的方法与技巧，如搜索、下载、复制、保存、安装等，学会使用电子邮箱，如免费电子信箱的申请、收发信件等，学会使用 Outlook 2016 管理电子邮件，学会使用微博，学会使用向日葵远程协助软件远程协作办公。学习本项目，不但要掌握利用网络资源的具体方法，更要为以后深入学习网络知识打下基础。具体学习目标如下：

 知识目标

① 理解计算机网络的基础知识。

② 了解 Microsoft Edge 的基本知识。

③ 掌握电子邮箱的功能和使用方法。

④ 掌握 Outlook 2016 的功能和使用方法。

⑤ 掌握微博的功能和使用方法。

⑥ 掌握远程协助办公软件向日葵的应用。

 技能目标

① 能够熟练掌握 Microsoft Edge 的一些基本操作。

② 熟练使用搜索引擎，掌握如选择查询词的方法，搜索引擎的常见语法等。

③ 掌握电子邮箱的各项操作方法，如免费电子信箱的申请、查收邮件、编辑邮件、添加附件等。

④ 学会使用 Outlook 2016 管理电子邮件，如添加用户、管理信件、收发信件等。

⑤ 学会发微博、查看微博、评论微博。

⑥ 学会远程协助远程电脑传输文件。

知 技 要 点

基本知识

1. 计算机网络基础知识

（1）计算机网络的概念

计算机网络，是指将地理位置不同的具有独立功能的多台计算机及其外部设备，通过通信线路连接起来，在网络操作系统、网络管理软件及网络通信协议的管理和协调下，实现资源共享和信息传递的计算机系统。

（2）计算机网络的发展

计算机网络从 20 世纪 60 年代开始，基本经历了 4 代，分别是第一代——远程终端联机阶段，第二代——以资源共享为目的的多机互联网络阶段，第三代——标准化网络阶段，第四代——国际互联网与信息高速公路阶段。

（3）计算机网络功能

计算机网络功能可分为信息交换和通信、资源共享、提高系统的可靠性、均衡负荷和分布处理这 4 个方面。

（4）计算机网络的分类

计算机网络的分类方法有多种，常见的分类如下。

① 根据网络覆盖范围的大小，可分为局域网（LAN）、城域网（MAN）、广域网（WAN）。

② 根据网络的拓扑结构可分为总线型网络、星形网络、环形网络、树状网络、混合型网络。

③ 根据传输介质的不同可分为有线网和无线网。

（5）计算机网络的组成

一个完整的计算机网络由网络硬件设备和网络软件组成。计算机网络硬件设备主要有计算机（如主机等）、信息处理与交换设备（如路由器等）和必要的连接器材（如光纤等）等。网络软件主要是指计算机网络正常运行所必需的操作系统（如 Windows 等）、网络协议（如 TCP/IP 协议等）以及一些应用软件、用户软件等。

（6）TCP/IP

TCP/IP（Transmission Control Protocol/Internet Protocol），意为传输控制协议 / 因特网互联协议，又名网络通信协议，是 Internet 最基本的协议和 Internet 国际互联网络的基础，由网络层的 IP 和传输层的 TCP 组成。

TCP/IP 的工作原理是：在源主机上应用层将一串字节流传给传输层；传输层将字节流分成 TCP 段，加上 TCP 包头交给 IP 层；IP 层生成一个包，将 TCP 段放入其数据域，并加上源和目的主机的 IP 地址后，交给网络接口层，再交数据链路层；数据链路层在其帧的数据部分装上 IP 包，发给目的主机或 IP 路由器处理。在目的主机处，数据链路层将数据链路层帧头去掉，将 IP 包交给网络层再交 IP 层；IP 层检查 IP 包头，如果包头中的检查和计算出来的不一致，则丢弃该包，如果检查一致，IP 层去掉 IP 头，将 TCP 段交给 TCP 层；TCP 层检查顺序号来判断是否为正确的 TCP 段，TCP 层检查 TCP 包头，如果不正确就抛弃，若正确就向主机发送确认；目的主机在传输层去掉 TCP 头，将字节流传给应用程序。

（7）IP 地址

TCP/IP 协议中用来标识网络节点的地址即 IP 地址，在 IPv4 中，是一个 32 位的二进制地址。在现有协议中，IP 地址分为以下 5 类：

微课

IP 地址

A 类　10.0.0.0 到 10.255.255.255

B 类　172.16.0.0 到 172.31.255.255

C 类　192.168.0.0 到 192.168.255.255

D 类　224.0.0.1 到 239.255.255.254

E 类　保留

在 Internet 中，一台计算机可以有一个或多个 IP 地址，但两台或多台计算机却不能共享一个 IP 地址。

在 IPv6 中，IP 地址的长度为 128 位，是 IPv4 地址长度的 4 倍。于是 IPv4 点分十进制格式不再适用于 IPv6，IPv6 采用十六进制表示，有 3 种表示方法。

① 冒分十六进制表示法。格式为 X：X：X：X：X：X：X：X，其中每个 X 表示地址中的 16b，以十六进制表示，如 ABCD：EF01：2345：6789：ABCD：EF01：2345：6789。

在这种表示法中，每个 X 的前导 0 是可以省略的，如 2001：0DB8：0000：0023：0008：0800：200C：417A 可写为 2001：DB8：0：23：8：800：200C：417A。

② 0 位压缩表示法。在某些情况下，一个 IPv6 地址中间可能包含很长的一段 0，可以把连续的一段 0 压缩为“：：”。但为保证地址解析的唯一性，地址中“：：”只能出现一次，如 FF01：0：0：0：0：0：0：1101 可写为 FF01：：1101；0：0：0：0：0：0：0：1 可写为 ：：1；0：0：0：0：0：0：0：0 可写为 ：：。

③ 内嵌 IPv4 地址表示法。为了实现 IPv4–IPv6 互通，IPv4 地址会嵌入 IPv6 地址中，此时地址常表示为 X：X：X：X：X：X：d.d.d.d，前 96b 采用冒分十六进制表示，而最后 32b 地址则使用 IPv4 的点分十进制表示，例如：：192.168.0.1 与：：FFFF：192.168.0.1 就是两个典型的例子，注意在前 96b 中，压缩 0 位的方法依旧适用。

（8）WWW

WWW（World Wide Web）中文称为“万维网”“环球网”等，常简称为 Web。万维网常被当成因特网的同义词，但万维网与因特网有着本质的差别。因特网（Internet）指的是一个硬件的网络，全球的所有计算机通过网络连接后便形成了因特网。而万维网更倾向于是一种浏览网页的功能。

（9）域名与 DNS

与网络上的数字型 IP 地址相对应的字符型地址，就被称为域名。

DNS（Domain Name System 或 Domain Name Service，计算机域名系统）是由解析器以及域名服务器组成的。域名服务器是指保存有该网络中所有主机的域名和对应 IP 地址，并具有将域名转换为 IP 地址功能的服务器。

2. Microsoft Edge 的应用

Microsoft Edge 是微软公司推出的一款网页浏览器，也是微软公司 Windows 10 操作系统的一个组成部分。

3. 网络信息检索

网络搜索引擎是根据一定的策略、运用特定的计算机程序从互联网上搜集信息，在对信息进行组织和处理后，为用户提供检索服务，将用户检索的相关信息展示给用户的系统。

在网络搜索引擎中选择适当的查询词的方法，一要表述准确，二要使查询词简练且与主题关联。

网络搜索引擎中有很多语法技巧，如用空格表示“与”，用“|”表示“或”，用“-”表示“非”等，还有表示特定格式的“Filetype”语句、表示特定内容的“《》”、表示词组组合的双引号等。

4. 申请电子信箱和收发电子邮件

电子信箱，简称 E-mail，也被人们昵称为“伊妹儿”，它是一种用电子手段提供信息交换的通信方式，是 Internet 应用最广的服务之一。通过网络的电子邮件系统，用户几乎可以随时随地、以非常快速的方式（几秒钟之内把信息可以发送到世界上任何用户指定的目的地），与世界上任何一个角落的网络用户联系，这些电子邮件可以是文字、图像、声音等各种形式。

电子邮件地址具有统一的标准格式“用户名 @ 服务器 . 域名”，如 zhangsan10101@163.com。

5. Outlook 2016 应用

Outlook 2016 是微软公司推出的一款电子邮件客户端软件，在这款软件中，可以对多个邮箱账户进行管理，如查收邮件、编辑邮件等。

Foxmail 是另一种邮件客户端软件，是一款优秀的国产电子邮件客户端软件，具有界面简洁、操作简单等优点。

6. 微博的使用

微博，即微博客（MicroBlog）的简称，是一个基于用户关系的信息分享、传播以及获取平台，用户可以通过 Web、WAP 等各种客户端组建个人社区，以 140 字以内的文字或者图片、视频更新信息，并实现即时分享。

7. 远程协助软件向日葵的应用

远程协助是在网络上由一台计算机远距离去控制另一台计算机的技术。计算机中的远程控制技术始于 DOS 时代。远程控制一般支持 LAN、WAN、拨号方式、互联网方式这些网络方式。此外，有的远程控制软件还支持通过串口、并口、红外端口来对远程计算机进行控制（这里的远程计算机，只能是有限距离范围内的计算机了）。

基本技能

1. Microsoft Edge 应用的基本技能

微课
Microsoft Edge 应用

（1）打开网页

双击桌面 Microsoft Edge 图标。

（2）启动搜索引擎工具

在 Microsoft Edge 窗口“地址栏”中输入百度网址，按 Enter 键。

（3）输入查询词

在“百度”文本框中输入“菜谱”，单击“百度一下”按钮。

（4）使用收藏夹保存搜索到的网页

右击网页空白处，在弹出的快捷菜单中选择“添加到阅读列表”命令，打开“添加收藏”窗口，在“名称”文本框中输入当前网页中文名称，单击“保存”按钮，收藏该网页。

（5）打开收藏夹中已保存的网页

单击“收藏夹”按钮，在弹出的“收藏夹”列表中，将鼠标指向要打开的网页名称，单击就可以浏览该网页了。

（6）保存网页

在 Microsoft Edge 窗口右上角单击“设置及其他”按钮，在弹出的下拉列表中选择“更多工具”→“将页面另存为”命令，打开“另存为”对话框，在“文件名”文本框中输入网页的名称，单击“保存”按钮。

（7）打印网页

在 Microsoft Edge 窗口右上角单击“设置及其他”按钮，在弹出的下拉列表中选择“打印”命令，打开“打印”对话框，设置打印选项，单击“打印”按钮，可以通过打印机将目前浏览的网页打印出来。

（8）下载文件

① 单击页面给出的超链接。

② 使用下载工具下载。

2. 网络信息检索基本技能

（1）打开百度搜索引擎

微课

网络信息检索

启动 Microsoft Edge，在“地址栏”中输入百度网址，按 Enter 键。

（2）输入查询词

在百度搜索引擎文本框中输入相应查询词后单击“百度一下”按钮。

（3）查看资料

单击词条超链接，打开网页。

3. 申请电子信箱和收发电子邮件基本技能

（1）申请邮箱

打开 163 邮箱网页，单击“注册”按钮，输入邮箱账号和密码，单击“立即注册”按钮。

（2）发送邮件

登录邮箱，单击“写信”按钮，编写邮件，单击“发送”按钮。

（3）接收邮件

登录邮箱，单击“收信”按钮，单击邮件标题，查阅邮件。

4. Outlook 2016 应用基本技能

（1）Outlook 2016 的设置

启动 Outlook 2016 软件，单击“自动账户设置”按钮，输入电子邮箱地址和密码，单击“完成”按钮。

微课

收发电子邮件

（2）添加新用户

在“文件”选项卡中选择“信息”选项，单击“添加账户”按钮，打开“添加账户”对话框，操作完成后，返回到 Outlook 主页面，发现收件人列表处已经增加了收件人。

（3）查收邮件

打开收件人列表，单击一个邮箱地址，打开“收件箱”，查看邮件。

（4）编辑发送邮件

选择“开始”选项卡，单击“新建电子邮件”按钮，编辑新邮件，完成后单击“发送”按钮。

5. 微博的学习与使用

微课

微博的使用

（1）注册微博

打开新浪微博，进入新浪微博注册页面，单击“立即注册”按钮，输入对应信息，单击“立即注册”按钮。

（2）完善资料

完成注册后，继续输入个人信息，选择兴趣爱好。

（3）登录微博

打开新浪主网页，单击微博端口选项，输入登录账户、登录密码即可进入微博。

（4）查看微博

进入微博，选择感兴趣的内容，单击“查看”按钮。

（5）发表评论

选择内容，单击“评论”按钮，编辑评论内容，单击“评论”按钮。

（6）发表微博

登录微博，单击文本框输入微博内容，单击“发布”按钮。

实训任务 6.1　下载软件并安装

 实训目的

掌握搜索网络资源、下载并安装的方法。

 实训内容与要求

下载最新版本的 QQ 聊天工具并安装。

按照以下指定要求完成。

① 使用百度搜索引擎工具下载软件最新版本。

② 下载并安装到本地磁盘（D：）以自己名字命名的文件夹下。

 实训步骤与指导

① 在 D 盘下新建一个以自己名字命名的文件夹。

② 打开 Microsoft Edge，在地址栏输入百度网址，打开百度搜索引擎。

③ 在百度搜索引擎文本框中输入“QQ”，单击“百度一下”按钮。

④ 单击“QQ PC 版”超链接，打开下载页面。

⑤ 单击“立即下载”按钮，选择下载软件存放的位置，即刚才新建的文件夹，单击“确定”按钮后开始下载。

小技巧

下载或保存文件时，可以在寻找保存位置时新命名一个文件夹，计算机就会按照指定的文件夹名称新建一个文件夹保存进去。例如下载的文件要保存在 E 盘下“QQ”文件夹下，但在 E 盘下并没有“QQ”文件夹，这时在保存文件夹位置输入“QQ”，然后单击“保存”按钮，会发现 E 盘下已经新建了一个“QQ”文件夹，且所下载文件已经保存在其中。

实训任务 6.2　网络资源搜索

实训目的

掌握选择合适查询词的方法，掌握百度搜索引擎的一些常用语法。

实训内容与要求

在下周举行的教师节庆祝会上，你将作为学生代表发言，要写一个发言稿。你想到网上查一篇 DOC 格式的发言稿范文，请写出一个合适的查询词。

按照以下指定要求完成。

① 查询词简单凝练，与主题关联度高。

② 使用格式语句。

实训步骤与指导

① 打开 Microsoft Edge，在地址栏输入百度网址，打开百度搜索引擎。

② 在百度搜索引擎文本框中输入“教师节 学生发言 filetype:doc”，单击“百度一下”按钮。

小技巧

搜索引擎的语法有很多种，正确使用语法可以使搜索更迅速、精准，但往往使用一种语法又不是特别有效，有时需要几种语法综合使用，如以“《手机》”作为查询词的搜索结果是手机为名字的文章等作品，而以“《手机》filetype: doc”为查询词，就会只得到 DOC 格式的结果。

③ 选择词条，单击超链接，查看范文。

④ 尝试其他查询词的搜索结果。

实训任务 6.3　使用电子邮箱

实训目的

掌握使用电子邮箱的方法。

 实训内容与要求

在新浪、网易 126、搜狐网站申请免费邮箱，并发送 2~3 封电子邮件。

按照以下指定要求完成。

① 至少申请两个邮箱。

② 用一个邮箱将存在计算机 D 盘下的文件“发送邮件 .doc”（若没有此文件需要新建）发到另外邮箱中，朋友之间可以互相转发。

 实训步骤与指导

① 打开 Microsoft Edge，在地址栏输入新浪邮箱网址，打开新浪邮箱主页。

② 单击“立即注册”按钮，输入注册信息，选中“同意以下协议并注册”复选框，激活邮箱完成注册。

③ 登录邮箱，单击“写信”按钮，依次输入收件人地址（如 zhangsan10101@163.com）、主题、信件内容（如“你好”），单击“上传附件”按钮，找到 D 盘下文件“发送邮件 .doc”，依次单击“打开”和“发送”按钮。

④ 登录邮箱，单击“收信”按钮，选择邮件，单击“转发”按钮，输入收件人地址后单击“发送”按钮。

> **小技巧**
>
> 如果用户经常联系的收件人比较多，那么收件人的地址就非常容易记错，为了更方便使用邮箱，可以对收件人地址进行管理。每次收到新邮件时，把收信人地址保存到邮箱的通讯录，并把邮件地址做标记，如 zhangsan10101@163.com 标记为“张三”，那么下次给张三发邮件时，只需在通讯录里找到“张三”，单击一下，就发现张三的电子邮件地址 zhangsan10101@163.com 已经自动填入“收件人地址”栏了。

⑤ 注册发送其他邮件与以上操作方法相似。

实训任务 6.4 在 Outlook 2016 中添加新用户

 实训目的

掌握以“手动配置服务器设置或其他服务类型”方式在 Outlook 2016 中添加新用户的方法。

 实训内容与要求

在 Outlook 2016 中添加新用户，并要求用“手动配置服务器设置或其他服务类型”方式添加新用户。

 实训步骤与指导

① 启动 Outlook 2016 在“文件”选项卡中选择“信息”命令，单击“添加账户”按钮，选中“电子邮件账户”单选按钮，单击“下一步”按钮，选中“让我手动设置我的账户”复选框（如图 6-1

所示），单击“下一步”按钮，单击“POP”选项，打开“POP 账户设置”对话框。

② 输入相关信息，如图 6-2 所示，单击“连接”按钮打开“POP 账户设置”对话框，在“接收邮件服务器”和“待发邮件”服务器文本框处输入收发服务器信息。单击“下一步”按钮，选中“我的发送服务器（SMPT）要求验证”复选框，完成相关设置。

图 6-1 选择手动配置服务器

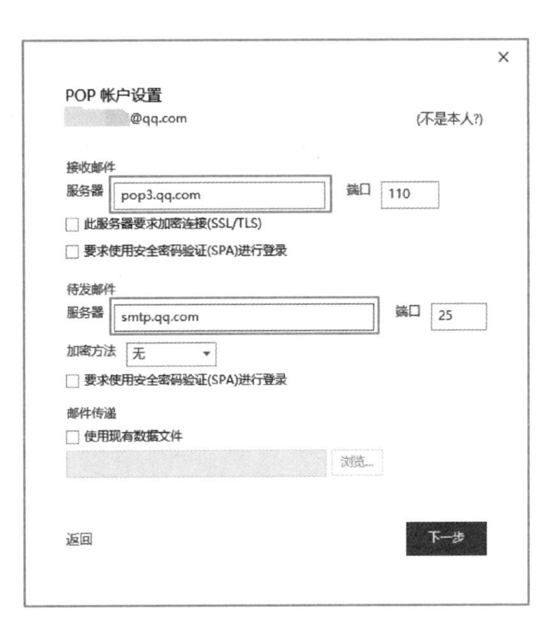

图 6-2 输入相关信息

拓展实训任务

拓展实训任务 6.1

实训内容

使用 Outlook 2016 客户端给好友以附件的形式发一封电子邮件。

操作要求

① 从网上下载一个 JPG 格式的图片，保存在 D 盘下，命名为“照片 .jpg”。

② 申请 2 个免费邮箱，一个 126 网易免费邮箱，一个 163 网易免费邮箱。

③ 为了方便收发邮件，将 2 个账号都添加到 Outlook 2016 客户端。

④ 使用 Outlook 2016 将以上的照片用自己的一个邮箱发送到另一个邮箱。

拓展实训任务 6.2

实训内容

申请一个新浪微博账号，发布一条长微博和一条短微博。

操作要求

微博内容要求：语言文明、内容健康，其中包含图片和表情等。

拓展实训任务 6.3

实训内容

安装向日葵远程协助软件并向远程计算机传输一个压缩文件。

操作要求

安装软件后通过对方所给的识别码进行远程传输文件操作。

项目 7

7
Project

常用工具软件的应用

项 目 目 标

本项目实训包括 7 个实训任务：

① 使用杀毒软件。

② 使用压缩工具。

③ 使用百度网盘。

④ 使用腾讯文档。

⑤ 使用迅雷下载工具。

⑥ 使用影音播放工具。

⑦ 使用 PDF 转换工具。

通过本项目的实训，学会使用杀毒软件，熟练掌握 360 软件的安装、查杀病毒和在线升级等技能；学会使用压缩工具软件，熟练掌握标准压缩、自解压格式文件压缩、分卷压缩和加密压缩等技能；学会使用百度网盘，熟练掌握百度网盘分享、下载、转存文件等技能；学会使用腾讯文档，熟练掌握在线协作编辑文档的技能；学会使用迅雷工具，掌握高效下载大文件的技能；掌握使用 Windows Media Player 播放本地视频的技能；掌握在线转换 PDF 文件的技能。

知识目标

① 了解杀毒软件 360 安全套装。

② 了解压缩 / 解压缩软件 7-Zip。

③ 了解百度网盘。

④ 了解腾讯文档。

⑤ 了解迅雷下载工具。

⑥ 了解 Windows Media Player。

⑦ 了解 PDF 转换。

技能目标

① 会使用一种杀毒软件。

② 会使用一种压缩 / 解压缩软件。

③ 会使用百度网盘。

④ 会使用腾讯文档。

⑤ 会使用迅雷软件。

⑥ 会使用 Windows Media Player。

⑦ 会使用在线转换网站。

知 技 要 点

基本技能

1. 会使用杀毒软件

（1）安装杀毒软件

微课

360 安全套装

双击下载好的杀毒软件安装程序，安装完成后，在计算机的桌面上和系统托盘区都可以看到。

（2）查杀病毒

启动杀毒软件，单击“全盘查杀”按钮。

（3）在线升级

启动杀毒主界面，单击“检测更新”按钮，再单击“升级完成”按钮。

2. 会使用压缩 / 解压缩文件

（1）压缩文件

微课

压缩工具

① 普通压缩。

② 自解压格式文件压缩。

③ 分卷压缩。

④ 加密压缩。

（2）解压缩文件

① 普通压缩包的解压缩。

② 自解压格式压缩包的解压缩。

③ 分卷压缩包的解压缩。

④ 加密压缩包的解压缩。

3. 会使用百度网盘

微课

百度网盘

① 下载安装百度网盘。

② 上传本地文件到百度网盘。

③ 把百度网盘上的文件分享给朋友。

④ 把别人分享的文件下载到本地。

4. 会使用腾讯文档

① 打开一个腾讯文档。

② 编辑文档的内容。

5. 会使用迅雷

① 下载安装迅雷。

② 使用迅雷下载大文件。

6. 会使用 Windows Media Player

① 播放本地视频文件。

② 播放本地音频文件。

7. 会使用在线转换网站

① 把 PDF 文件转换为 Word 文档。

② 把图片上的文字转换到 Word 中并编辑。

微课
腾讯文档

微课
迅雷下载工具

微课
PDF 转换工具

实训任务 7.1　使用杀毒软件

实训目的

① 掌握杀毒软件的安装方法。

② 掌握使用杀毒软件查杀病毒的操作方法。

③ 掌握修复系统漏洞的方法。

实训内容与要求

下载安装一个杀毒软件，完成对计算机的全盘查杀病毒，修复系统漏洞。

实训步骤与指导

特别说明：本任务使用的杀毒软件不限，以下步骤仅供参考。

① 登录 360 杀毒官方网站，下载 360 杀毒软件和安全卫士。下载完成后双击执行安装程序，安装在本地磁盘 D盘上。

② 打开 360 杀毒主界面，单击“全盘扫描”按钮，对计算机中的每一个文件进行检测，扫描完成后，对发现的异常问题进行处理。

③ 打开 360 安全卫士主界面，选择“系统修复”选项，再单击右侧的“单项修复”下拉按钮，在弹出的下拉列表中选择“漏洞修复”选项，如图 7-1 所示。

④ 扫描完成后，如果发现可选项目不会影响正常使用，如图 7-2 所示，可以不修复。

小技巧

右击系统托盘区的杀毒软件图标，在弹出的右键快捷菜单中，列出了最常用的功能模块，可以直接单击运行，无须打开杀毒软件主界面。

图 7-1 漏洞修复

图 7-2 扫描完成

实训任务 7.2 使用压缩工具

实训目的

掌握压缩工具软件的压缩和解压缩操作方法。

实训内容与要求

使用压缩工具软件，对计算机中的文件进行压缩，设置密码保护，存放在 D 盘。

实训步骤与指导

特别说明：本任务使用的压缩工具不限，此处以 7-Zip 软件为例；文件可以就地取材，使用计算机中现有的文件，示例只供参考。

① 双击 E 盘，新建“名胜古迹”文件夹；双击“名胜古迹”文件夹，在“名胜古迹”文件夹内，新建“北京”“上海”“河南”“河北”文件夹，将照片按地区分类，分别存放在“E:\名胜古迹\北京”“E:\名胜古迹\上海”“E:\名胜古迹\河南”“E:\名胜古迹\河北”文件夹中。

② 返回 E 盘，右击“名胜古迹”文件夹，在弹出的快捷菜单中选择“7-Zip”→“添加到压缩包”命令，如图 7-3 所示，本任务要求压缩包保存在不同的磁盘，所以要选择“添加到压缩包”命令。

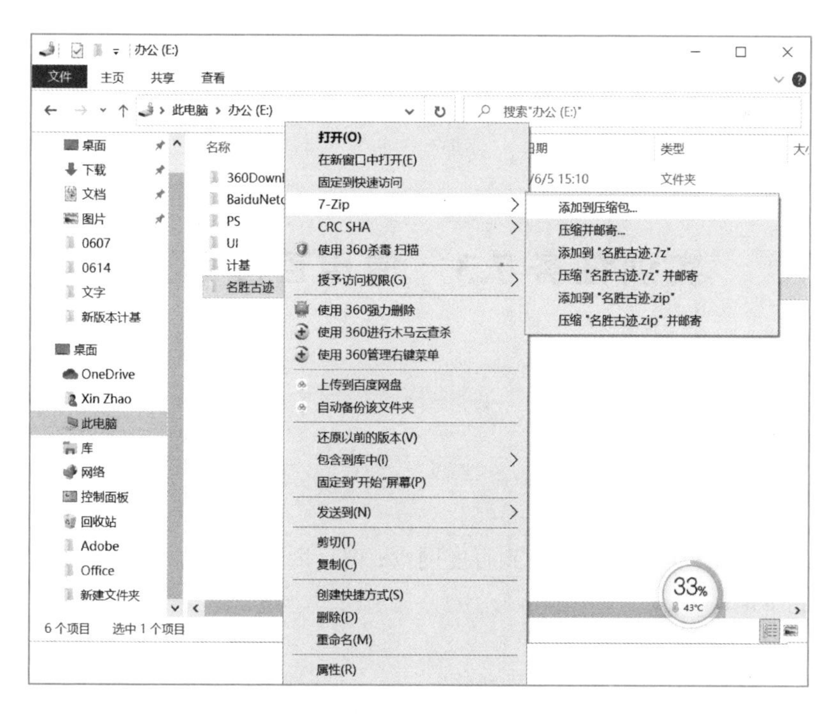

图 7-3 “7-Zip”右键菜单

③ 在打开的“添加到压缩包”对话框中，单击右上角的▢按钮，改变路径到 D 盘，在右侧“加密”栏输入两次相同的密码，设置完成后如图 7-4 所示。最后单击“确定”按钮。

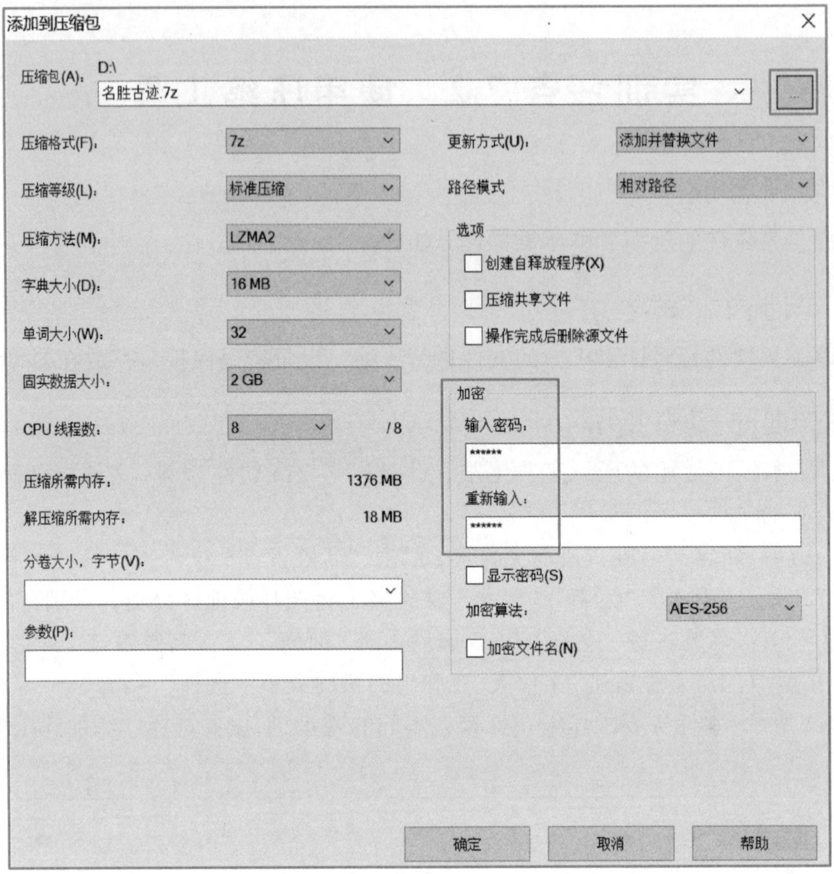

图 7-4 “添加到压缩包”对话框

实训任务 7.3 使用百度网盘

 实训目的

掌握百度网盘的分享和下载功能。

 实训内容与要求

下载安装百度网盘；上传本地文件到百度网盘；把百度网盘上的文件分享给朋友；把别人分享的文件下载到本地。

 实训步骤与指导

特别说明：百度网盘是目前用户多、通用性强的网盘工具，因此本实训重点介绍百度网盘。

① 通过官网或者 360 软件管家下载安装“百度网盘”。

② 登录之后，在网盘上新建一个文件夹，双击打开这个文件夹，把计算机磁盘上的文件直接拖曳到文件夹里。

③ 右击要分享的文件，在弹出的快捷菜单中选择“分享”选项，在打开的对话框中选择有效期，单击“创建链接”按钮，再单击“复制链接及密码”按钮，即可把文件私密分享给别人。

④ 单击别人分享的链接，或者打开分享网址，在页面相应位置输入提取码，进入页面后，单击文件可查看，单击“下载”按钮可下载文件。

小技巧

保存在网盘上的音频、视频文件无须下载到本地，单击就可以在线播放，同样 PDF 文件可以直接查看。

实训任务 7.4　使用腾讯文档

实训目的

掌握腾讯文档的在线同步编辑技能。

实训内容与要求

打开“班级通讯录”，填写本人信息。

实训步骤与指导

特别说明：可以使用其他的在线文档，重点是支持多人协作、同步更新。如果使用以下给定的文档，建议由老师或者班长另存本班的副本后，其他同学再编辑副本。

① 打开一个腾讯文档，如图 7-5 所示。

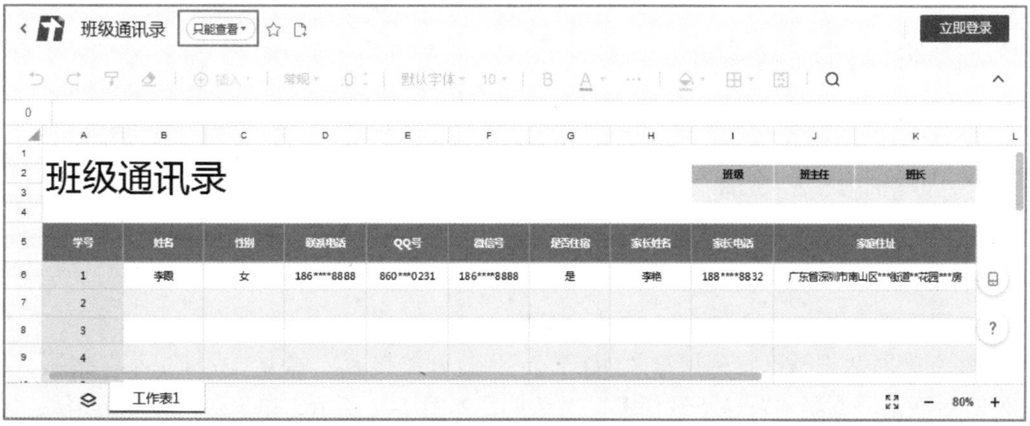

班级通讯录

学号	姓名	性别	联系电话	QQ号	微信号	是否住宿	家长姓名	家长电话	家庭住址
1	李薇	女	186****8888	860***0231	186****8888	是	李艳	188****8832	广东省深圳市南山区***街道**花园***房
2									
3									
4									

图 7-5　登录前的腾讯文档

② 如果左上角显示只能查看，则需要单击右上角的立即登录按钮，使用 QQ 或者微信账号登录后，界面如图 7-6 所示。此时文档可以进行编辑，基本的操作方法与 Excel 中相同，把本人的信息添加到表格里面。

图 7-6　登录后的腾讯文档

小技巧

腾讯文档是多人协作式在线文档工具，可能会出现几个人同时填写的情况，所有人的修订都会自动保存。

实训任务 7.5　使用迅雷下载工具

实训目的

掌握使用下载工具高效下载大文件的技能。

实训内容与要求

下载安装迅雷；使用迅雷下载大文件。

实训步骤与指导

特别说明：本任务使用的下载工具不限，此处以迅雷 11 为例；要下载的文件不限，建议下载一个较大的文件。示例只供参考。

① 访问迅雷官网，下载迅雷 11 软件并安装。

② 在百度网站或腾讯官网搜索“QQ 下载”，打开链接后，单击“立即下载”按钮，如果打开的对话框是浏览器“新建下载任务”对话框，如图 7-7 所示，单击对话框左下角的“使用迅雷下载”按钮，即打开迅雷的“新建下载任务”对话框，如图 7-8 所示。

③ 根据需要修改存储路径和是否存放在云盘后，单击“立即下载”按钮，即可开始下载任务。

小技巧

在图 7-7 中右击“立即下载”按钮，在弹出的快捷菜单中选择“使用迅雷下载”命令，或者左键按住“立即下载”按钮，拖动到迅雷的“悬浮窗”上松手，会立即打开“新建下载任务”对话框。

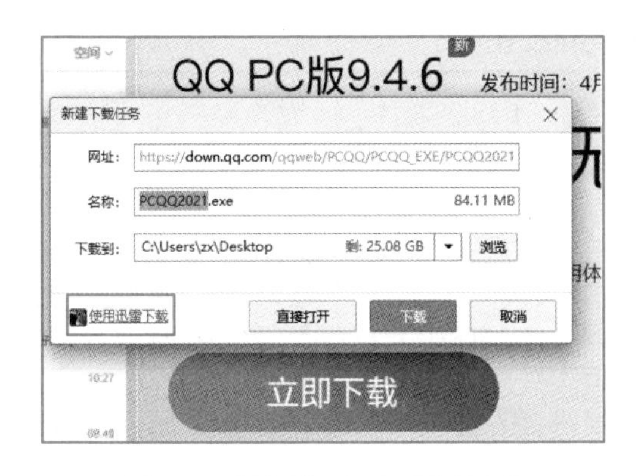

图 7-7 浏览器“新建下载任务”

图 7-8 迅雷“新建下载任务”

实训任务 7.6 使用影音播放工具

实训目的

掌握使用影音播放工具播放视频的技能。

实训内容与要求

使用影音播放工具播放视频文件。

实训步骤与指导

特别说明：本任务使用的播放工具不限，此处以 Windows 系统预装的 Windows Media Player 为例；要播放的文件不限，硬盘和 U 盘上的文件都可以。示例只供参考。

① 打开存放视频文件的文件夹。

② 双击一个视频文件，系统即自动启动默认的播放软件，并打开所选择的视频文件。

实训任务 7.7 使用 PDF 转换工具

实训目的

掌握在线转换 PDF 文件的技能。

实训内容与要求

使用网站在线转换 PDF 文件。

实训步骤与指导

特别说明：本任务使用的网站不限，表 7-1 列出的网站可以结合使用；文件不限，在 Office 中可以很方便地把文档另存为 PDF 格式。

表 7-1 在线转换 PDF 文件

网站	功能	限制
迅捷	PDF 文档转换、处理，语音、文字识别、音视频转换、在线翻译等	PDF 文件免费转换，最大支持 2MB
超级 PDF	PDF 文档转换、处理，图片文字识别	免费用户每天最多转换 3 次，支持大文件
网易邮箱	邮箱中 PDF 格式的附件，直接转换格式	普通邮箱用户每天可享受 2 次免费转换服务

① 打开超级 PDF 网站，单击右上角“登录”按钮 登录，打开微信扫码登录，第 1 次使用要求先关注公众号。

② 单击“PDF 转 Word”按钮，在打开的页面中单击“上传文件”按钮 上传文件，在打开的“打开”对话框中找到要转换的 PDF 文件，单击“打开”按钮 打开(O)，自动开始转换，转换完成后及时单击“立即下载”按钮下载，否则第 2 天会自动删除。

③ 转换前后如图 7-9 和图 7-10 所示。转换结果不保证 100% 正确，为了避免出错，须认真核对。

PLRMRB07B20210415C
C:/Users/admin/Desktop/人民日报2021041507.pdf

人民日报　2021年4月15日 星期四　7 评论

R人民时评

让法治文化接地气润人心

彭 飞

法律信仰的形成，离不开法治文化的滋养和熏陶。真正管用而有效的法律，不只写在纸上，更要写在人们心里

精心打造基层普法的坚实阵地，法治文化才有沉淀和传播的抓手，才能真正接地气、润人心

R新论

传统文化教育首先是一种文化的传承、价值的涵养。让中华优秀传统文化进课本、课堂、校园，有着很强的时代价值和教育价值

在青少年心中播下传统文化的

朱永新

R暖闻热评·致敬脱贫攻坚楷模⑤

图 7-9 在浏览器中打开的 PDF 文件（转换前）

人民日报　2021年4月15日 星期四　7　评论

人民时评

让法治文化接地气润人心

法律信仰的形成，离不开法治文化的滋养和熏陶。真正管用而有效的法律，不只写在纸上，更要写在人们心里

精心打造基层普法的坚实阵地，法治文化才有沉淀和传播的抓手，才能真正接地气、润人心

新论

传统文化教育首先是一种文化的传承、价值的涵养。让中华优秀传统文化进课本、课堂、校园，有着很强的时代价值和教育价值

在青少年心中播下传统文化的

图 7-10　在 Word 中打开的 docx 文件（转换后）

拓展实训任务

拓展实训任务 7.1

实训内容

升级 360 杀毒和 360 安全卫士。

操作要求

① 在系统托盘区，右击 360 杀毒图标，在弹出的快捷菜单中选择“检查更新”命令，如图 7-11 所示，升级完成后弹出的对话框如图 7-12 所示。

② 在系统托盘区，右击 360 安全卫士图标，在弹出的快捷菜单中选择“升级”→“程序升级”命令，如图 7-13 所示。如果当前不是最新版本，会弹出检测到的最新版本，如图 7-14 所示，单击“升级”按钮即可。

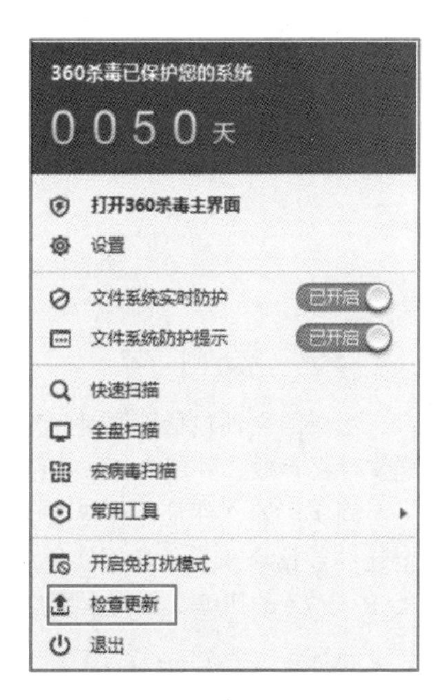

图 7-11　360 杀毒检查更新

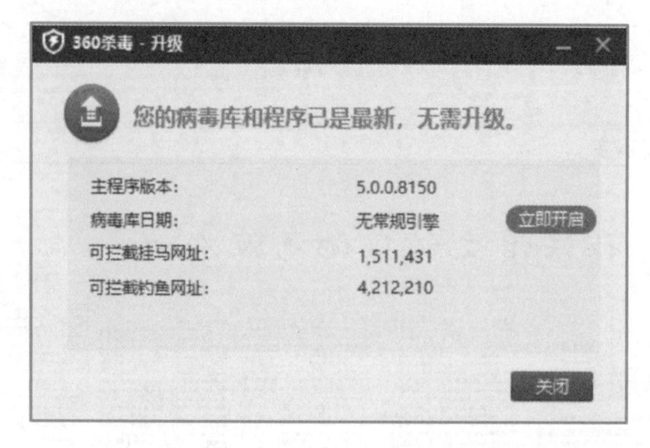

图 7-12 360 杀毒升级完成

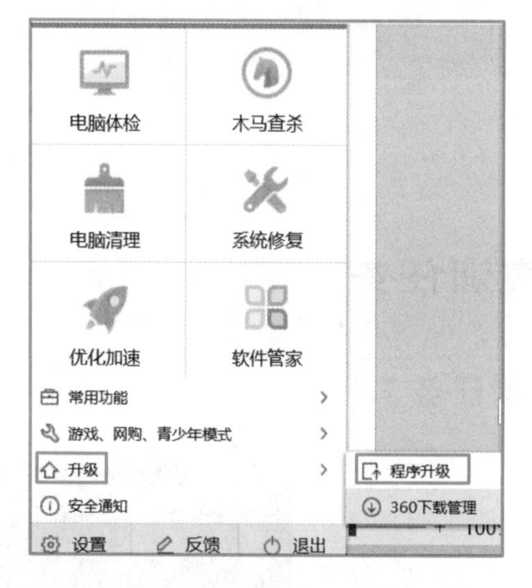

图 7-13 360 安全卫士升级

图 7-14 360 安全卫士可升级版本

拓展实训任务 7.2

 实训内容

小康的文件包括不同时间对人物专访的录音、新闻稿件和照片，将小康的文件按照人物新建文件夹存放，并用 7-Zip 压缩软件将分类整理后的文件创建成固实压缩文件，保存到 E 盘。

固实压缩文件是一种特殊压缩方式存储的压缩文件，它把压缩文件中的全部文件都当成一个连续数据流来看待。固实压缩文件只支持 RAR、7Z 格式，ZIP 压缩文件永远是非固实的。RAR 与 7Z 的压缩文件可由用户决定选择固实或非固实的压缩方式。

 操作要求

① 在 E 盘上，以“人物”为文件名创建文件夹。

② 在“人物”文件夹下，以被采访人的名字为文件名创建文件夹。

③ 启动 7-Zip，选择“人物”文件夹，单击“添加”按钮，打开“添加到压缩包”对话框，在“固实数据大小”选择“固实”选项，其他部分为系统默认，单击“确定”按钮，如图 7-15 所示，生成固实压缩文件“人物 .7z”。

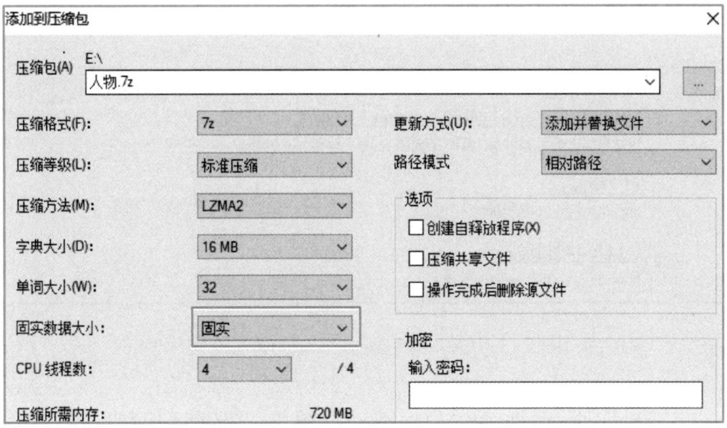

图 7-15 固实压缩文件

拓展实训任务 7.3

实训内容

使用百度网盘搜索并下载一个 PPT 模板。

操作要求

① 在浏览器中搜索“百度网盘搜索”，在结果中选择一个网站，如图 7-16 所示。

图 7-16 在浏览器中搜索

② 在打开的网页中输入要搜索的关键字，如图 7-17 所示。

图 7-17 在“盘搜”网站中搜索关键字

③ 打开的“百度网盘”页面，如图 7-18 所示。单击“保存到网盘”按钮，或者单击“下载”按钮直接下载到本地。

图 7-18 百度网盘中打开资源

拓展实训任务 7.4

 实训内容

① 在手机端使用腾讯文档创建一个班级通讯录。
② 修改权限为“所有人可编辑”。

操作要求

① 打开手机微信，点击下方的“发现”按钮，点击“小程序”选项，搜索“腾讯文档”，如图 7–19 所示，点击搜索到的小程序，在打开的页面中，点击右下角的⊕按钮，如图 7–20 所示。

图 7–19　微信搜索“腾讯文档”

② 在打开的页面中（此页面会经常更新），点击“在线教育”按钮，如图 7–21 所示，再单击“班级信息统计”按钮，如图 7–22 所示。

③ 在打开的“班级通讯录”中，如图 7–23 所示，修改班级相关信息，根据需要调整表格的列标题。

④ 修改完成后，点击右上角的图标，在打开的“分享”页面中，如图 7–24 所示，把文档的权限设置为“所有人可编辑”，最后选择分享的途径，可以直接分享给微信好友和微信群，也可以复制链接发给 QQ 好友和 QQ 群，还可以生成小程序码分享至微信。

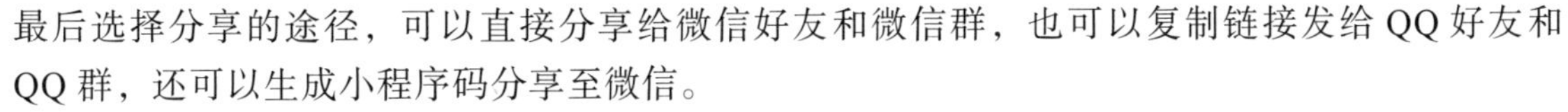

⑤ 手机 QQ 的操作与微信类似，请自行研究。

图 7–20　新建腾讯文档

图 7–21　在线教育

图 7–22　班级信息统计

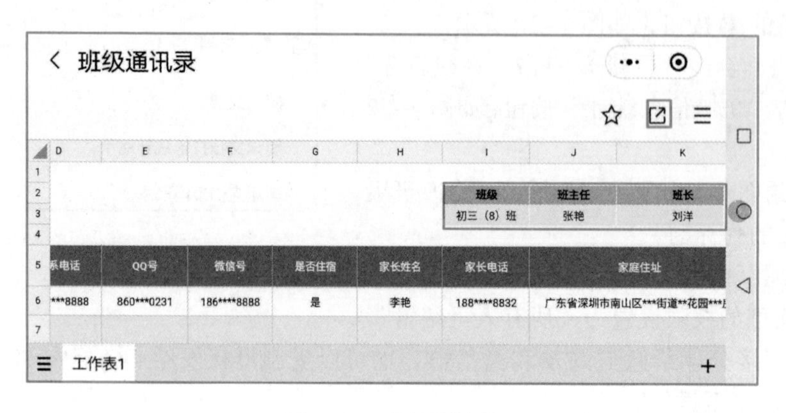

图 7-23　班级通讯录

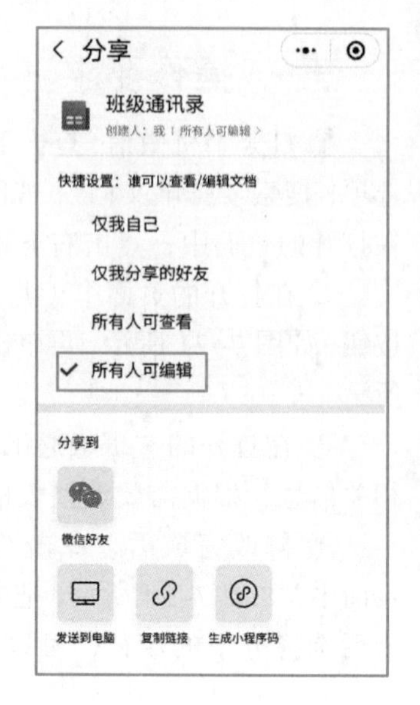

图 7-24　设置文档的权限

拓展实训任务 7.5

实训内容

使用非系统默认的播放器播放视频。

操作要求

① 选择 1 个视频文件，右击，在弹出的快捷菜单中选择“打开方式”菜单项。

② 在弹出的子菜单中会列出计算机中安装的所有播放器软件，如图 7-25 所示。选择一个即可。

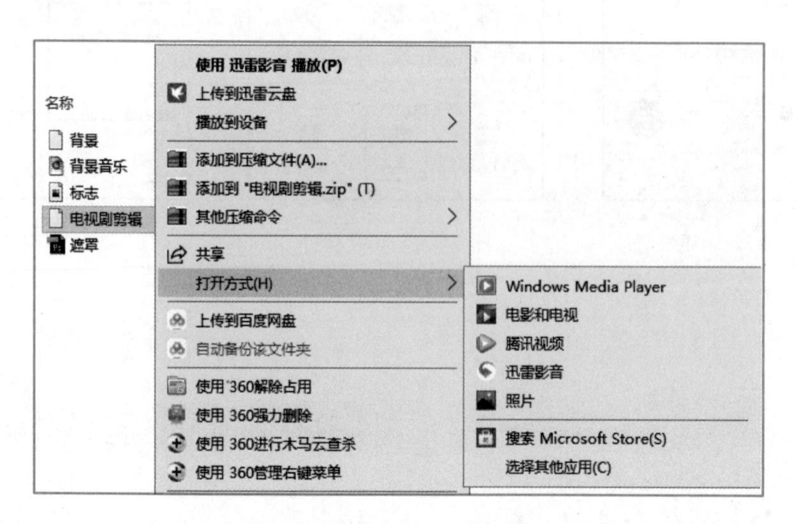

图 7-25　视频文件的右键快捷菜单

拓展实训任务 7.6

实训内容

① 图片文字在线识别。

② 在线制作海报。

操作要求

① 搜集一张有大量文字的图片，在超级 PDF 网站上，利用“图片转 Word”按钮完成文字识别。

② 打开一个在线设计网站，如“图怪兽”，搜索或选择一个主题，单击喜欢的模板右上角的“在线编辑”按钮，双击即可替换文字或图片内容。

参 考 文 献

[1] 贾如春，李代席 . 计算机应用基础项目实用教程（Windows 10+Office 2016）[M]. 北京：清华大学出版社，2018.

[2] 眭碧霞 . 计算机应用基础任务化教程（Windows 10+Office 2016）[M]. 4 版 . 北京：高等教育出版社，2021.

[3] 阳晓霞 . 计算机应用基础（Windows 10+Office 2016）[M]. 北京：中国水利水电出版社，2020.

[4] 刘春茂，刘荣英，张金伟 . Windows 10+Office 2016 高效办公 [M]. 北京：清华大学出版社，2018.

[5] 于薇，吴媛 . 计算机应用基础项目化教程（Windows 10+Office 2016）[M]. 北京：北京邮电大学出版社，2020.

[6] 张应梅 . Office 2016 办公应用从入门到精通 [M]. 北京：电子工业出版社，2017.

[7] 教育部考试中心，全国计算机等级考试二级教程——MS Office 高级应用与设计 [M]. 北京：高等教育出版社，2020.

[8] 刘畅 . Office 2016 办公应用从入门到精通 [M]. 2 版 . 北京：中国铁道出版社，2019.

[9] 秋叶 . Word Excel PPT 办公应用从新手到高手 [M]. 北京：人民邮电出版社，2019.

[10] 段红 . 计算机应用基础（Windows 10+Office 2016）[M]. 北京：清华大学出版社，2018.

[11] 神龙工作室 . PPT2016 幻灯片设计与制作——从入门到精通 [M]. 北京：人民邮电出版社，2018.

[12] 郑健江 . 计算机应用基础项目式教程（Windows10+Office2016）[M]. 北京：清华大学出版社，2019.

[13] 张丽玮 . Office 2016 高级应用教程 [M]. 北京：清华大学出版社，2020.

[14] 秦阳 . 说服力——工作型 PPT 该这样做 [M]. 北京：人民邮电出版社，2020.

[15] 邵云蛟 . PPT 设计思维（实战版）[M]. 北京：电子工业出版社，2020.